DaVinci Resolve

中文版 达芬奇
视频调色与特效
从 入 门 到 精 通

胡 杨◎编著

中国铁道出版社有限公司
CHINA RAILWAY PUBLISHING HOUSE CO., LTD.

内 容 简 介

本书内容包括：初识DaVinci Resolve 18，对画面进行初步调色，对局部细节进行校正，通过节点来调整画面，使用LUT工具进行调色，丰富多彩的滤镜效果，为视频添加字幕效果，设置酷炫的转场效果，最后是三个案例，包括《旖旎风光》：制作秀美风景视频、《古风写真》：制作古风人像视频及《美食宣传》：制作美食广告视频，读者学后可以举一反三，从而制作出更多精彩、漂亮的视频。

本书内容丰富、循序渐进、理论与实践相结合，既适合广大影视制作、调色处理相关人员，如调色师、影视制作人、摄影摄像后期编辑、新闻编辑、节目栏目编导、独立制作人等，也可作为高等院校影视调色相关专业的辅导教材。

图书在版编目（CIP）数据

DaVinci Resolve中文版达芬奇视频调色与特效从入门到精通/胡杨编著.—北京: 中国铁道出版社有限公司, 2023.5

ISBN 978-7-113-29761-9

Ⅰ.①D… Ⅱ.①胡… Ⅲ.①调色-图像处理软件

Ⅳ.①TP391.413

中国版本图书馆CIP数据核字(2022)第194192号

书　　名：**DaVinci Resolve 中文版达芬奇视频调色与特效从入门到精通**
　　　　　DaVinci Resolve ZHONGWENBAN DAFENQI SHIPIN TIAOSE
　　　　　YU TEXIAO CONG RUMEN DAO JINGTONG
作　者：胡　杨

责任编辑：张亚慧　　　编辑部电话：(010) 51873035　　　电子邮箱：lampard@vip. 163. com
封面设计：宿　萌
责任校对：安海燕
责任印制：赵星辰

出版发行：中国铁道出版社有限公司（100054, 北京市西城区右安门西街8号）
印　　刷：北京盛通印刷股份有限公司
版　　次：2023 年 5 月第 1 版　 2023 年 5 月第 1 次印刷
开　　本：787 mm×1 092 mm　1/16　印张：17.75　字数：357 千
书　　号：ISBN 978-7-113-29761-9
定　　价：108.00 元

前　言

在 2022 年 4 月 19 日，达芬奇更新到 18 版本，版本的更新也带来了更多的功能，如新增假色显示工具、动画、创建代理文件、音频波形窗口等功能，因此，写这本书的契机也就应运而生。

达芬奇是一款著名的调色软件，也是一款集后期制作功能于一身的影视后期处理软件。本书精选出 80 多个视频案例，用教学视频的方式帮助大家全面了解软件的功能，做到学用结合。希望大家都能举一反三，轻松掌握这些功能，从而调出专属于自己的热门视频效果。

本书共 11 章，内容包括基础操作、调色以及案例等内容。按功能分章节，由基础到进阶，科学排列，学完本书，读者能基本掌握达芬奇的使用技巧。按功能分章学习也能够帮助大家更快、更好地学习理论，从而可以调出理想的视频效果。

本书包含 80 多个功能案例和 3 个专题案例，无论是基础的视频调色，还是制作方法，都覆盖齐全。尤其是后面 3 个专题案例，包括风景、人像以及美食，案例会更加专业化，实用性也更强。学完这 80 多个案例操作，可以帮助大家快速掌握达芬奇调色的核心要点，从而调出各种各样的精美视频效果。

特别提示：本书采用 DaVinci Resolve 18 软件编写，请用户一定要使用同版本软件。附送的素材和效果文件请根据本书提示进行下载，学习本书案例时，可以扫描案例上方的二维码观看操作视频。

直接打开附送下载资源中的项目时，预览窗口中会显示"离线媒体"的提示文字，这是因为每个用户安装的 DaVinci Resolve 18 软件以及素材与效果文件的路径不一致，这属于正常现象，用户只需将这些素材重新链接到素材文件夹中的相应文件，即可成功打开。用户也可以将随书附送下载资源复制到计算机中，需要某个 VSP 文件时，第一次链接成功后，将项目文件进行保存或导出，后面打开就不需要再重新链接了。

如果用户将资源文件拷到计算机磁盘中直接打开，则会出现无法打开的情况。此时需要注意，打开附送的素材效果文件前，需要先将资源文件中的素材和效果全部拷到计算机磁盘中，在文件夹上右击，在弹出的快捷菜单中选择"属性"命令，打开"文件夹属性"对话框，取消勾选"只读"复选框，然后再重新通过 DaVinci Resolve 18 打开素材和效果文件，即可正常使用文件。

本书由胡杨编著，提供视频素材和拍摄帮助的人员还有向小红、燕羽、苏苏、巧慧、徐必文、向秋萍、黄建波、谭俊杰等，在此一并表示感谢。由于知识水平有限，书中难免存在疏漏之处，恳请广大读者批评、指正，联系微信：2633228153。

编　者

2022 年 12 月

目　　录

基　础　篇

调 色 篇

第 2 章   一级调色：对画面进行初步调色   29

第 **3** 章

二级调色：对局部细节进行校正　　55

目录

第4章　节点调色：通过节点来调整画面　101

第5章

LUT 调色：使用 LUT 工具进行调色　　141

效　果　篇

案 例 篇

第10章　《古风写真》：制作古风人像视频　235

第**11**章　《美食宣传》：制作美食广告视频　259

基　础　篇

第 1 章

启蒙：初识 DaVinci Resolve 18

达芬奇是一款专业的影视调色剪辑软件，其英文名称为 DaVinci Resolve，集视频调色、剪辑、合成、音频以及字幕于一身，是常用的视频编辑软件之一。本章将带领读者认识 DaVinci Resolve 18 的功能及面板等内容。

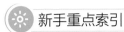

新手重点索引

▶ 认识 DaVinci Resolve 工作界面 ▶ 掌握软件的基本操作
▶ 调整与编辑项目文件

效果图片欣赏

1.1 认识 DaVinci Resolve 工作界面

　　DaVinci Resolve 是一款调色功能和专业多轨道剪辑功能合二为一的软件，虽然对系统的配置要求较高，但 DaVinci Resolve 18 有着强大的兼容性，还提供了多种操作工具，包括剪辑、调色、效果、字幕以及音频等，是许多剪辑师、调色师都十分青睐的影视后期剪辑软件之一。本节主要介绍 DaVinci Resolve 18 的工作界面。图 1-1 所示为 DaVinci Resolve 18 的"剪辑"工作界面。

图 1-1　DaVinci Resolve 18 "剪辑"工作界面

1.1.1 认识步骤面板

在 DaVinci Resolve 18 中，共有 7 个步骤面板，分别为媒体、快编、剪辑、Fusion、调色、Fairlight 以及交付，单击相应的标签按钮，即可切换至相应的步骤面板，如图 1-2 所示。

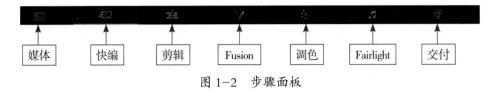

图 1-2　步骤面板

1."媒体"步骤面板

在达芬奇界面下方单击"媒体"按钮，即可切换至"媒体"步骤面板中，在其中可以导入、管理以及克隆媒体素材文件，并查看媒体素材的属性信息等。

2."快编"步骤面板

单击"快编"按钮，即可切换至"快编"步骤面板，"快编"步骤面板是 DaVinci Resolve 18 新增的一个剪切步骤面板，与"剪辑"步骤面板功能有些类似，用户可以在其中进行编辑、修剪以及添加过渡转场等操作。

3."剪辑"步骤面板

"剪辑"步骤面板是达芬奇默认打开的工作界面，在其中可以导入媒体素材、创建时间线、剪辑素材、制作字幕、添加滤镜、添加转场、标记素材入点和出点以及双屏显示素材画面等。

4.Fusion 步骤面板

在 DaVinci Resolve 18 中，Fusion 步骤面板主要用于动画效果的处理，包括合成、绘图、粒子以及字幕动画等，还可以制作出电影级视觉特效和动态图形动画。

5."调色"步骤面板

DaVinci Resolve 18 中的调色系统，是该软件的特色功能，在 DaVinci Resolve 18 工作界面下方的步骤面板中，单击"调色"按钮，即可切换至"调色"工作界面。在"调色"工作界面中，提供了 Camera Raw、色彩匹配、色轮、RGB 混合器、运动特效、曲线、色彩扭曲器、限定器、窗口、跟踪器、神奇遮罩、模糊、键、调整大小以及立体等功能面板，用户可以在相应的面板中对素材进行色彩调整、一级调色、二级调色和降噪等操作，最大限度地满足用户对影视素材的调色需求。

6.Fairlight 步骤面板

单击 Fairlight 按钮，即可切换至 Fairlight（音频）步骤面板，在其中可以根据需要调整音频效果，包括音调匀速校正和变速调整、音频正常化、1D 声像移位、混响、嗡嗡声移除、人声通道和齿音消除等。

7."交付"步骤面板

影片编辑完成后，在"交付"面板中可以进行渲染输出设置，将制作的项目文件输出为 MP4、AVI、EXR、IMF 等格式文件。

1.1.2　认识媒体池

在 DaVinci Resolve 18 剪辑界面左上角的工具栏中，单击"媒体池"按钮，即可展开"媒体池"工作面板，如图 1-3 所示。

图 1-3　"媒体池"工作面板

在下方的步骤面板中，单击"媒体"按钮，即可切换至"媒体"步骤面板，该面板中的"媒体池"如图 1-4 所示。两个界面中的"媒体池"可通用。

图 1-4　单击"媒体"按钮

1.1.3 认识效果

在剪辑界面左上角的工具栏中，单击"剪辑"按钮 ，即可展开"工具箱"工作面板，其中为用户提供了视频转场、音频转场、标题、生成器以及效果等功能，如图 1-5 所示。

图 1-5 "效果"面板

1.1.4 认识检视器

在 DaVinci Resolve 18 剪辑界面中，单击"检视器"面板右上角的"单检视器模式" 按钮，即可使预览窗口以单屏显示，此时"单检视器模式"按钮转换为"双检视器模式"按钮 。在系统默认情况下，"检视器"面板的预览窗口以单屏显示，如图 1-6 所示。

媒体池素材预览窗口

时间线效果预览窗口

图 1-6 "检视器"面板

左侧屏幕为媒体池素材预览窗口，用户在选择的素材上双击，即可在媒体池素材预览窗口中显示素材画面；右侧屏幕为时间线效果预览窗口，拖动时间线滑块，即可在时间线效果预览窗口中显示滑块所至处的素材画面。

在导览面板中，单击相应的按钮，用户可以执行变换、裁切、动态缩放、Open FX 叠加、Fusion 叠加、标注、智能重构图、跳到上一个编辑点、倒放、停止、播放、跳到下一个编辑点、循环、匹配帧、标记入点以及标记出点等操作。

1.1.5 认识时间线

"时间线"面板是 DaVinci Resolve 18 中进行视频、音频编辑的重要工作区之一，在该面板中可以轻松实现对素材的剪辑、插入以及调整等操作，如图 1-7 所示。

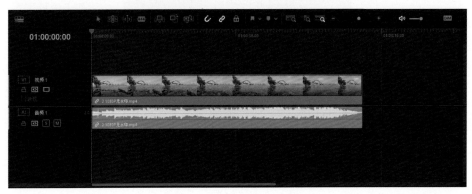

图 1-7 "时间线"面板

1.1.6 认识调音台

在 DaVinci Resolve 18"剪辑"工作界面的右上角，单击"调音台"按钮 ，即可展开"调音台"工作面板，在其中可以执行编组音频、调整声像以及动态音量等操作，如图 1-8 所示。

1.1.7 认识元数据

在"剪辑"界面右上角的工具栏中，单击"元数据"按钮 ，即可展开"元数据"工作面板，其中显示了媒体素材的时长、帧数、位深、优先场、数据级别、音频通道以及音频位深等数据信息，如图 1-9 所示。

图 1-8 "调音台"面板

图 1-9 "元数据"面板

1.1.8 认识检查器

在"剪辑"步骤面板右上角单击"检查器"按钮 检查器，即可展开"检查器"面板，"检查器"面板的主要作用是针对"时间线"面板中的素材进行基本的处理。图 1-10 为"检查器"|"视频"选项面板，由于"时间线"面板中只置入了一个视频素材，因此面板上方仅显示"视频""音频""效果""转场""图像"以及"文件"6 个标签，单击相应的标签即可打开相应的面板。图 1-11 为"音频"选项面板。在打开的面板中，用户可以根据需要设置属性参数，对"时间线"面板中选中的素材进行基本处理。

第 1 章

启蒙：初识 DaVinci Resolve 18

图 1-10 "检查器"面板

图 1-11 "音频"面板

7

1.2 掌握软件的基本操作

使用 DaVinci Resolve 18 编辑影视文件，需要创建一个项目文件才能对视频、照片、音频进行编辑，包括掌握项目文件的基本操作、导入媒体素材文件、替换和链接素材文件等基础操作。

1.2.1 掌握项目文件的基本操作

【效果展示】在 DaVinci Resolve 18 中，项目的基本操作方法包括新建项目、打开项目、保存项目、导入项目以及导出项目等基础操作，效果如图 1-12 所示。

扫码看案例效果　扫码看教学视频

▶▶ 步骤1　进入"剪辑"步骤面板，单击"文件"|"新建项目"命令，如图 1-13 所示。

▶▶ 步骤2　弹出"新建项目"对话框，在文本框中输入项目名称，单击"创建"按钮，即可创建项目文件，如图 1-14 所示。

图 1-12　掌握项目文件效果展示

图 1-13　单击"新建项目"命令

图 1-14　单击"创建"按钮

▶▶ 步骤3　在"媒体池"面板中右击，在弹出的快捷菜单中选择"新建时间线"命令，如图 1-15 所示。

▶▶ 步骤4　弹出"新建时间线"对话框，在"时间线名称"文本框中可以修改时间线名称，单击"创建"按钮，即可添加一个时间线，如图 1-16 所示。

图 1-15　选择"新建时间线"命令　　　　图 1-16　单击"创建"按钮

▶▶ 步骤 5　在计算机文件夹中，选择需要的素材文件，并将其拖动至视频轨中，即可添加素材文件，如图 1-17 所示。

▶▶ 步骤 6　单击"文件"|"保存项目"命令，即可保存编辑完成的项目文件，如图 1-18 所示。

图 1-17　添加素材文件　　　　　图 1-18　单击"保存项目"命令

▶▶ 步骤 7　在工作界面的右下角，单击"项目管理器"按钮，如图 1-19 所示。

▶▶ 步骤 8　弹出"项目"面板，选中"古风女孩"项目图标，右击，在弹出的快捷菜单中选择"关闭"命令，即可关闭项目文件，如图 1-20 所示。

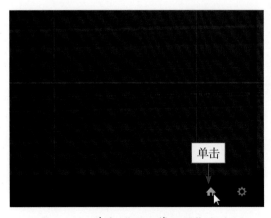

图 1-19　单击"项目管理器"按钮　　　图 1-20　选择"关闭"命令

1.2.2 导入媒体素材文件

【效果展示】在 DaVinci Resolve 18 的"剪辑"步骤面板中，用户可以添加各种不同类型的素材。本节主要介绍导入照片素材、视频素材、音频素材、字幕素材以及导入项目的操作方法，效果如图 1-21 所示。

扫码看案例效果　扫码看教学视频

图 1-21　导入媒体素材效果展示

▶▶ 步骤1　新建一个项目文件，在"媒体池"面板中右击，在弹出的快捷菜单中选择"导入媒体"命令，如图 1-22 所示。

▶▶ 步骤2　弹出"导入媒体"对话框，在文件夹中选择需要导入的视频素材，单击"打开"按钮，即可将视频素材导入"媒体池"面板中，如图 1-23 所示。选择"媒体池"面板中的视频素材，将其拖动至"时间线"面板中的视频轨上。

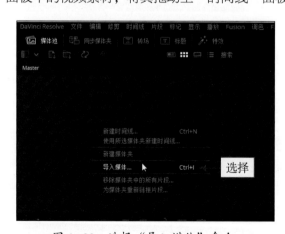
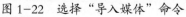

图 1-22　选择"导入媒体"命令　　　　图 1-23　单击"打开"按钮

▶▶ 步骤3　单击"文件"|"导入"|"媒体"命令，如图 1-24 所示。

▶▶ 步骤4　弹出"导入媒体"对话框，在文件夹中选择需要导入的音频素材文件，单击"打开"按钮，如图 1-25 所示。

▶▶ 步骤5　即可将音频素材导入媒体池，如图 1-26 所示。

▶▶ 步骤6 选择"媒体池"面板中的音频素材，将其拖动至"时间线"面板中的音频轨上，即可完成导入音频素材的操作，如图1-27所示。

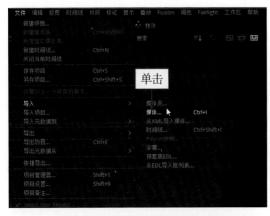

图1-24 单击"媒体"命令

图1-25 单击"打开"按钮

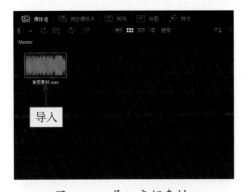

图1-26 导入音频素材

图1-27 拖动音频至音频轨中

▶▶ 步骤7 在"媒体池"面板中右击，在弹出的快捷菜单中选择"导入字幕"命令，如图1-28所示。

▶▶ 步骤8 弹出"选择要导入的文件"对话框，在文件夹中选择需要导入的字幕素材，单击"打开"按钮，如图1-29所示。

图1-28 选择"导入字幕"命令

图1-29 单击"打开"按钮

z

t

r

▶▶ 步骤9 即可将字幕素材导入"媒体池"面板中,如图1-30所示。

▶▶ 步骤10 在时间线左侧轨道面板中的空白位置处右击,在弹出的快捷菜单中选择"添加字幕轨道"命令,如图1-31所示。

图1-30 导入字幕素材　　　　图1-31 选择"添加字幕轨道"命令

▶▶ 步骤11 即可添加一条字幕轨道,如图1-32所示。

▶▶ 步骤12 选择"媒体池"面板中的字幕素材,按住鼠标左键将其拖动至"时间线"面板中的字幕轨中,调整字幕素材时长与视频素材一致,如图1-33所示。

图1-32 添加一条字幕轨道　　　　图1-33 调整字幕素材时长与视频素材一致

1.2.3 替换和链接素材文件

【效果展示】在使用DaVinci Resolve 18对视频素材进行编辑时,用户可以根据编辑需要对素材进行替换和链接等操作,效果如图1-34所示。

扫码看案例效果　扫码看教学视频

▶▶ 步骤1 打开一个项目文件,预览素材效果,如图1-35所示。

▶▶ 步骤2 在"媒体池"面板中,选择需要替换的素材文件,如图1-36所示。

▶▶ 步骤3 右击,在弹出的快捷菜单中选择"替换所选片段"命令,如图1-37所示。

▶▶ 步骤4 弹出"替换所选片段"对话框，选中需要替换的视频素材，单击"打开"按钮，如图 1-38 所示。

图 1-34　替换和链接素材效果展示

图 1-35　预览素材效果

图 1-36　选择需要替换的素材文件

图 1-37　选择"替换所选片段"命令

图 1-38　单击"打开"按钮

专家指点：用户还可以在"时间线"面板中选中视频素材，在"媒体池"面板中导入需要替换的素材文件，在菜单栏中单击"编辑"|"替换"命令，即可替换"时间线"面板中的视频素材。

▶▶ 步骤5 替换"时间线"面板中的视频文件，如图 1-39 所示。

▶▶ 步骤6 在"媒体池"面板中，选择需要离线处理的素材文件，如图 1-40 所示。

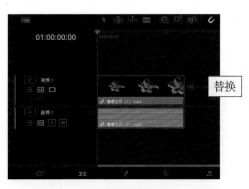

图 1-39　替换视频文件

图 1-40　选择需要离线处理的素材文件

▶▶ 步骤 7　右击，在弹出的快捷菜单中选择"取消链接所选片段"命令，如图 1-41 所示。

▶▶ 步骤 8　即可离线处理视频轨中的素材，如图 1-42 所示。预览窗口中会显示"离线媒体"的警示文字。

图 1-41　选择"取消链接所选片段"命令

图 1-42　离线处理视频素材

▶▶ 步骤 9　在"媒体池"面板中，选择离线的素材文件，如图 1-43 所示。

▶▶ 步骤 10　右击，在弹出的快捷菜单中选择"重新链接所选片段"命令，如图 1-44 所示。

图 1-43　选择离线的素材文件

图 1-44　选择"重新链接所选片段"命令

▶▶ 步骤 11　弹出"选择源文件夹"对话框，选择链接素材所在的文件夹，单击"选择文件夹"按钮，如图 1-45 所示。

▶▶ 步骤 12　即可自动链接视频素材，如图 1-46 所示。

图 1-45　单击“选择文件夹”按钮

图 1-46　自动链接视频素材

1.2.4　删除素材文件

在 DaVinci Resolve 18 中删除“媒体池”面板中的素材文件有以下三种方法。

1. 通过快捷键

在“媒体池”面板中，选中需要删除的素材文件，按【Delete】键即可删除所选素材片段。

> 专家指点：在“时间线”面板中，选中轨道上的素材文件，按【Delete】键即可快速删除“时间线”面板中选择的素材文件。

2. 通过快捷菜单

在“媒体池”面板中，选中需要删除的素材文件，右击，在弹出的快捷菜单中选择“移除所选片段”命令，即可删除选择的媒体素材，如图 1-47 所示。

3. 通过菜单命令

在“媒体池”面板中，选中需要删除的素材文件，在菜单栏中单击“编辑”|“删除所选”命令，即可删除选择的媒体素材，如图 1-48 所示。

图 1-47　选择“移除所选片段”命令

图 1-48　单击“删除所选”命令

专家指点：在"媒体池"面板中删除选择的素材后，"时间线"面板中的素材文件会离线处理。

1.2.5　管理时间线与轨道

【效果展示】在达芬奇的"时间线"面板中提供了插入与删除轨道的功能，用户可以在时间线轨道面板中右击，在弹出的快捷菜单中选择相应的命令，可以直接对轨道进行添加或删除等操作，效果如图 1-49 所示。

扫码看案例效果　扫码看教学视频

图 1-49　管理时间线与轨道效果展示

▶▶ 步骤1　打开一个项目文件，将鼠标移至轨道面板的轨道线上，此时鼠标指针呈双向箭头形状，如图 1-50 所示。

▶▶ 步骤2　按住鼠标左键向上拖动，即可调整"时间线"面板中的视图尺寸，如图 1-51 所示。

图 1-50　鼠标指针呈双向箭头形状

图 1-51　调整"时间线"面板中的视图尺寸

▶▶ 步骤 3　在轨道面板中，单击"禁用视频轨道"按钮███，即可禁用视频轨道上的素材，如图 1-52 所示。

▶▶ 步骤 4　预览窗口中的画面将无法进行播放，再次单击"启用视频轨道"按钮███，即可激活轨道素材信息，如图 1-53 所示。

图 1-52　单击"禁用视频轨道"按钮

图 1-53　单击"启用视频轨道"按钮

▶▶ 步骤 5　在视频轨道面板上右击，在弹出的快捷菜单中选择"更改轨道颜色"|"橘黄"命令，如图 1-54 所示。

▶▶ 步骤 6　即可更改轨道上素材显示的颜色，如图 1-55 所示。

图 1-54　查看视频轨道上素材显示的颜色

图 1-55　更改轨道素材颜色

> 专家指点：用户还可以用同样的方法，在音频轨道上右击，在弹出的快捷菜单中选择"更改轨道颜色"命令，在弹出的子菜单中选择需要更改的颜色后，即可修改音频轨道上素材的显示颜色。

1.3　调整与编辑项目文件

在 DaVinci Resolve 18 中，用户可以对素材进行相应的编辑，使制作的影片更为生动、美观。本节主要介绍播放与复制、编辑调整以及修剪等内容。通过本节的学习，用户可以熟练掌握调整与编辑各种媒体素材的操作方法。

1.3.1　播放与复制素材

【效果展示】在 DaVinci Resolve 18 中，用户需要了解并掌握素材文件的基本操作，包括播放素材、复制素材、插入素材等内容，效果如图 1-56 所示。

扫码看案例效果　扫码看教学视频

图 1-56　播放与复制素材效果展示

专家指点：按空格键，即可开始播放素材。

在达芬奇"剪辑"步骤面板中的"检视器"面板中，可通过单击导览面板中的按钮，在"检视器"面板中播放视频文件。图 1-57 为剪辑界面中的"检视器"面板。

图 1-57　"检视器"面板

在"导览"面板中，各按钮含义如下：

❶ 跳到上一个编辑点：单击该按钮，可以快速停止播放，并跳转至开始位置处。

❷ 倒放：单击该按钮，即可从片尾方向开始播放素材。

❸ 停止：单击该按钮，即可停止正在播放中的素材。

❹ 播放：单击该按钮，即可从片头方向开始播放素材。

❺ 跳到下一个编辑点：单击该按钮，可以快速停止播放，并跳转至结束位置处。

❻ 循环：单击该按钮，即可使播放中的素材连续循环播放。

▶▷ 步骤 1 打开一个项目文件,进入"剪辑"步骤面板,在预览窗口中可以查看项目效果,如图 1-58 所示。

▶▷ 步骤 2 在"时间线"面板中选中视频素材,如图 1-59 所示。

图 1-58 查看项目效果　　　　　　　　图 1-59 选中视频素材

▶▷ 步骤 3 在菜单栏中,单击"编辑"|"复制"命令,如图 1-60 所示。

▶▷ 步骤 4 在"时间线"面板中,拖动时间指示器至相应位置,如图 1-61 所示。

图 1-60 单击"复制"命令　　　　　　图 1-61 拖动时间指示器

▶▷ 步骤 5 在菜单栏中,单击"编辑"|"粘贴"命令,如图 1-62 所示。

▶▷ 步骤 6 在"时间线"面板中的时间指示器位置处粘贴复制的视频素材,此时时间指示器会自动移至粘贴素材的片尾处,如图 1-63 所示。

图 1-62 单击"粘贴"命令　　　　　　图 1-63 粘贴复制的视频素材

专家指点：用户还可以通过以下两种方式复制素材文件。

· 快捷键：选择时间线面板中的素材，按【Ctrl + C】组合键，复制素材后，移动时间指示器至合适位置，按【Ctrl + V】组合键，即可粘贴复制的素材。

· 快捷菜单：选择"时间线"面板中的素材右击，在弹出的快捷菜单中选择"复制"命令，即可复制素材；然后移动时间指示器至合适位置，在空白位置处右击，在弹出的快捷菜单中选择"粘贴"命令，即可粘贴复制的素材。

1.3.2　编辑与调整素材文件

【效果展示】在 DaVinci Resolve 18 中，可以对视频素材进行相应的编辑与调整，其中包括标记素材、断开素材、锁定素材、吸附素材以及替换素材等几种常用的视频素材剪辑方法，效果如图 1-64 所示。

扫码看案例效果　　扫码看教学视频

图 1-64　编辑与调整素材效果展示

▶▶ 步骤 1　打开一个项目文件，进入"剪辑"步骤面板，如图 1-65 所示。

▶▶ 步骤 2　将时间指示器移至 01:00:02:00 的位置处，如图 1-66 所示。

图 1-65　打开一个项目文件　　　　　图 1-66　移动时间指示器

▶▶ 步骤 3　在"时间线"面板的工具栏中，单击"标记"下拉按钮，在弹出的下拉列表框中选择"蓝色"选项，如图 1-67 所示。

▶▶ 步骤 4　即可在 01:00:02:00 的位置处添加一个蓝色标记，如图 1-68 所示。

▶▶ 步骤 5　将时间指示器移至 01:00:09:04 的位置处，如图 1-69 所示。

步骤 6　用相同的方法，在 01：00：09：04 的位置处，再次添加一个蓝色标记，如图 1-70 所示。

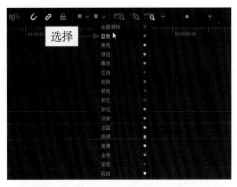

图 1-67　选择"蓝色"选项

图 1-68　添加一个蓝色标记

图 1-69　移动时间指示器

图 1-70　再次添加一个蓝色标记

步骤 7　将时间指示器移至开始位置处，在时间标尺的任意位置处右击，在弹出的快捷菜单中选择"跳到下一个标记"命令，如图 1-71 所示。

步骤 8　即可切换至第一个素材标记处，如图 1-72 所示。

图 1-71　选择"跳到下一个标记"命令

图 1-72　切换至第一个素材标记处

步骤 9　在预览窗口中，即可查看第一个标记处的素材画面，如图 1-73 所示。

步骤 10　用相同的方法，切换至第二个标记，并在预览窗口中查看第二个标记处的素材画面，如图 1-74 所示。

图 1-73　查看第一个标记处的素材画面　　　　图 1-74　查看第二个标记处的素材画面

▶▶步骤 11　当用户选择"时间线"面板中的视频素材并移动位置时，可以发现视频和音频呈链接状态，且缩略图上显示了链接的图标，如图 1-75 所示。

▶▶步骤 12　选择"时间线"面板中的素材文件，右击，在弹出的快捷菜单中取消选择"链接片段"命令，如图 1-76 所示。

图 1-75　缩略图上显示了链接的图标　　　　图 1-76　取消选择"链接片段"命令

专家指点：用户可以通过以下两种方式锁定素材文件。

• 菜单命令：在菜单栏中单击"时间线"|"锁定轨道"命令，在弹出的子菜单中选择需要锁定的轨道选项，如图 1-77 所示。

• 工具按钮：在"时间线"面板的工具栏中，单击"位置锁定"按钮，即可将轨道中的素材文件锁定至当前所在位置，如图 1-78 所示。

图 1-77　选择需要锁定的轨道选项　　　　图 1-78　单击"位置锁定"按钮

▶▷步骤 13 即可断开视频和音频的链接，链接图标将不显示在缩略图上，如图 1-79 所示。

▶▷步骤 14 将鼠标移至轨道面板中的锁定轨道上，单击"锁定轨道"按钮█，即可将视频轨道锁定，如图 1-80 所示。选择音频轨中的音频素材，单击并向右拖动，即可单独对音频文件执行操作。

图 1-79 断开视频和音频的链接

图 1-80 单击"锁定轨道"按钮

▶▷步骤 15 单击"解锁轨道"按钮█，将时间指示器移至 01:00:05:00 的位置处，如图 1-81 所示。

▶▷步骤 16 在"媒体池"面板中，选择需要进行叠加的视频素材，如图 1-82 所示。

图 1-81 移动时间指示器

图 1-82 选择视频素材文件

▶▷步骤 17 在菜单栏中，单击"编辑"|"叠加"命令，如图 1-83 所示。

▶▷步骤 18 即可在视频 1 中插入叠加的视频素材，如图 1-84 所示。在预览窗口中，可以查看叠加后的视频画面效果。

▶▷步骤 19 将时间指示器移至第一段视频的结尾位置处，如图 1-85 所示。

▶▷步骤 20 在"时间线"面板中，单击"刀片编辑模式"按钮█，如图 1-86 所示，此时鼠标指针变成了刀片工具图标█。

▶▷步骤 21 在视频轨中，应用刀片工具，在视频素材上的合适位置处单击，即可将视频素材分割成两段，如图 1-87 所示。

▶▷步骤 22 再次选择多余的视频片段，右击，在弹出的快捷菜单中选择"删除所选"

命。即可删除多余的视频片段，如图 1-88 所示。

图 1-83 单击"叠加"命令

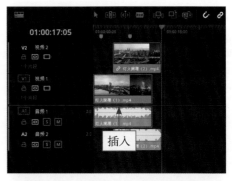

图 1-84 插入叠加的视频素材

图 1-85 移至第一段视频的结束位置处

图 1-86 单击"刀片编辑模式"按钮

图 1-87 分割两段视频素材

图 1-88 选择"删除所选"命令

▶▶步骤 23 在"媒体池"面板中右击，在弹出的快捷菜单中选择"导入媒体"命令，如图 1-89 所示。

▶▶步骤 24 弹出"导入媒体"对话框，在文件夹中选择需要导入的音频素材，单击"打开"按钮，如图 1-90 所示。

▶▶步骤 25 即可将视频素材导入"媒体池"面板中，如图 1-91 所示。

DaVinci Resolve 中文版达芬奇视频调色与特效从入门到精通

▶▷ 步骤 26 选择"媒体池"面板中的音频素材，将其拖动至"时间线"面板中的音频轨上，即可完成导入音频素材的操作，如图 1-92 所示。

图 1-89 选择"导入媒体"命令

图 1-90 单击"打开"按钮

图 1-91 导入音频素材

图 1-92 拖动音频至音频轨中

1.3.3 掌握视频修剪模式

【效果展示】为了帮助读者尽快掌握达芬奇软件中的修剪模式，下面主要介绍达芬奇剪辑面板中的选择模式、修剪编辑模式、动态滑移剪辑以及动态滑动剪辑等修剪视频素材的方法，效果如图 1-93 所示。

扫码看案例效果 扫码看教学视频

图 1-93 修剪模式效果展示

▶▷ 步骤 1 打开一个项目文件，进入达芬奇"剪辑"步骤面板，如图 1-94 所示。

▶▷ 步骤 2 在预览窗口中，可以预览打开的项目效果，如图 1-95 所示。

图 1-94 打开一个项目文件

图 1-95 预览打开的项目效果

▶▶ 步骤3 在"时间线"面板中,单击"选择模式"按钮，移动鼠标至素材的结束位置处,如图 1-96 所示。

▶▶ 步骤4 当光标呈修剪形状时,按住鼠标左键并向左拖动,至合适位置处释放鼠标左键,即可完成修剪视频时长区间的操作,如图 1-97 所示。

图 1-96 移动鼠标至结束位置处

图 1-97 向左拖动光标

▶▶ 步骤5 在"时间线"面板中,单击"刀片编辑模式"按钮，此时鼠标指针变成了刀片工具图标，如图 1-98 所示。

▶▶ 步骤6 在视频轨中,应用刀片工具,在视频素材上的合适位置处单击,即可将视频素材分割成两段,如图 1-99 所示。

图 1-98 单击"刀片编辑模式"按钮

图 1-99 分割两段视频素材

▶▶ 步骤7 再次在其他合适的位置处单击,即可将视频素材分割成多个视频片段,如图 1-100 所示。

▶▶ 步骤8 删除第一段和第四段片段,如图 1-101 所示。将时间指示器移动至视频轨的开始位置处,在预览窗口中,单击"播放"按钮,查看视频效果。

图 1-100　分割多个视频素材

图 1-101　删除相应视频素材

1.3.4　编辑素材时长与速度

【效果展示】在 DaVinci Resolve 18 中，将素材添加到"时间线"面板中，用户可以对素材的区间时长和播放速度进行相应的调整，效果如图 1-102 所示。

扫码看案例效果　扫码看教学视频

图 1-102　编辑素材时长与速度效果展示

▶▶ 步骤 1　打开一个项目文件，进入达芬奇"剪辑"步骤面板，如图 1-103 所示。

▶▶ 步骤 2　在"时间线"面板中选中素材文件右击，在弹出的快捷菜单中选择"更改片段时长"命令，如图 1-104 所示。

图 1-103　打开一个项目文件

图 1-104　选择"更改片段时长"命令

▶▶ 步骤 3　弹出"更改片段时长"对话框，在"时长"文本框中显示了素材原来的区间时长，如图 1-105 所示。

▶▶ 步骤 4　修改"时长"为 00:00:08:10，单击"更改"按钮，如图 1-106 所示。

图 1-105　显示原来素材时长　　　　　　　图 1-106　单击"更改"按钮

▶▶ 步骤5　即可在"时间线"面板中查看修改时长后的素材效果，如图 1-107 所示。

图 1-107　查看修改时长后的素材效果

▶▶ 步骤6　在"时间线"面板中选中素材文件右击，在弹出的快捷菜单中选择"更改片段速度"命令，如图 1-108 所示。

▶▶ 步骤7　弹出"更改片段速度"对话框，在"速度"文本框中修改参数为 150%，单击"更改"按钮，如图 1-109 所示。

图 1-108　选择"更改片段速度"命令　　　图 1-109　单击"更改"按钮

▶▶ 步骤8　即可将素材的播放速度调快，此时"时间线"面板中的素材时长也相应缩短了，如图 1-110 所示。在预览窗口中，可以查看更改速度后的画面效果。

图 1-110　"时间线"面板显示

调色篇

第 2 章

一级调色：对画面进行初步调色

影视视频的色彩运用，可以给观众留下良好的第一印象，并在某种程度上抒发一种情感。但由于素材在拍摄和采集的过程中，常常会遇到一些很难控制的环境光照，使拍摄出来的源素材色感欠缺、层次不明。本章将详细介绍应用达芬奇软件对视频画面进行一级调色的处理技巧。

☀ 效果图片欣赏

2.1 认识示波器

示波器是一种可以将视频信号转换为可见图像的电子测量仪器，它能帮助人们研究各种电现象的变化过程，观察各种不同信号幅度随时间变化的波形曲线。下面将介绍在达芬奇中的几种示波器查看模式。

2.1.1 认识波形图示波器

【效果展示】波形图示波器主要用于检测视频信号的幅度和单位时间内的所有脉冲扫描图形，让用户看到当前画面亮度信号的分布情况，用来分析画面的明暗和曝光情况。

扫码看案例效果　扫码看教学视频

波形图示波器的横坐标表示当前帧的水平位置，纵坐标在 NTSC 制式下表示图像每一列的色彩密度，单位是 IRE；在 PAL 制式下则表示视频信号的电压值。在 NTSC 制式下，以消隐电平 0.3V 为 0 IRE，将 0.3 ～ 1V 分成十等份，每一份定义为 10 IRE，效果如图 2-1 所示。

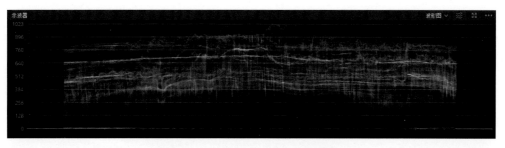

图 2-1　波形图示波器效果展示

▶▶ 步骤1 打开一个项目文件，在预览窗口中，可以查看打开的项目效果，如图 2-2 所示。

图 2-2　查看打开的项目效果

▶▶ 步骤2 在步骤面板中，单击"调色"按钮▓，如图 2-3 所示。

▶▶ 步骤3 在工具栏中，单击"示波器"按钮▓，如图 2-4 所示。

图 2-3　单击"调色"按钮　　　　　图 2-4　单击"示波器"按钮

▶▶ 步骤4 即可切换至"示波器"显示面板，如图 2-5 所示。

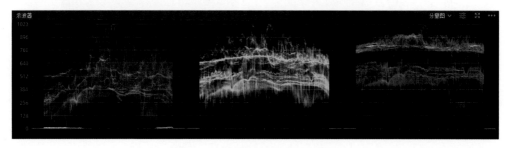

图 2-5　"示波器"显示面板

专家指点：用户可以用同样的方法，切换不同类别的示波器，以便查看、分析画面色彩的分布状况。

▶▶ 步骤5　在示波器窗口栏的右上角，单击下拉按钮，在弹出的下拉列表框中，选择"波形图"选项，如图2-6所示。

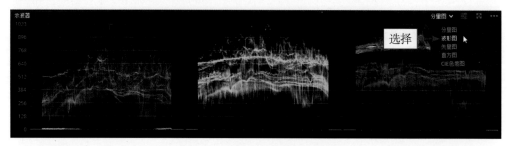

图 2-6　选择"波形图"选项

▶▶ 步骤6　即可在下方面板中查看和检测视频画面的颜色分布情况，如图 2-7 所示。

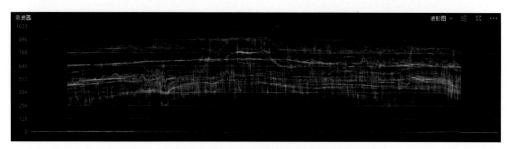

图 2-7　查看和检测视频画面的颜色分布情况

2.1.2　认识分量图示波器

分量图示波器是指将波形图示波器分为红绿蓝（RGB）三色通道，将画面中的色彩信息直观地展示出来。通过分量图示波器，可以分析、观察图像画面的色彩是否平衡。

如图 2-8 所示，下方的蓝色阴影位置波形明显比红色、绿色阴影位置要高，而蓝色上方的高光位置明显比红色、绿色的波形偏低，且整体波形不一，即表示图像高光位置出现色彩偏移，整体色调偏红色、绿色。

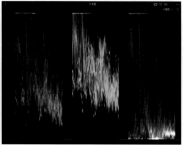

图 2-8　分量图示波器颜色分布情况

2.1.3　认识矢量图示波器

矢量图是一种检测色相和饱和度的工具，它以坐标方式显示视频的色度信息。矢量图中矢量的大小，也就是某一点到坐标原点的距离，代表颜色饱和度。

圆心位置代表色饱和度为 0，因此黑白图像的色彩矢量都在圆心处，离圆心越远，饱和度越高，如图 2-9 所示。

图 2-9　矢量图示波器颜色分布情况

2.1.4　认识直方图示波器

直方图示波器可以查看图像的亮度与结构，用户可以利用直方图分析图像画面中的亮度是否超标。

在达芬奇软件中，直方图呈横纵轴进行分布。横坐标轴表示图像画面的亮度值，左侧为亮度最小值，波形像素越高则图像画面的颜色越接近黑色；右侧为亮度最大值，画面色彩更趋近于白色。纵坐标轴表示图像画面亮度值位置的像素占比。当图像画面中的黑色像素过多或亮度较低时，波形会集中分布在示波器的左边，如图 2-10 所示。

图 2-10　画面亮度过低

当图像画面中的白色像素过多或亮度较高时，波形会集中分布在示波器的右边，如图 2-11 所示。

图 2-11　画面亮度超标

2.2　对画面进行色彩校正

在视频的制作过程中，由于电视系统能显示的亮度范围要小于计算机显示器的显示范围，一些在计算机屏幕上鲜亮的画面也许在电视机上将出现细节缺失等影响画质的问题，因此专业制作人员应根据播出要求来控制画面的色彩。本节主要介绍运用达芬奇对视频画面进行色彩校正的方法。

2.2.1　调整曝光参数

【效果展示】当素材亮度过暗或者太亮时，用户可以在 DaVinci Resolve 18 中，通过调节"亮度"参数调整素材的曝光，原图与效果对比如图 2-12 所示。

扫码看案例效果　扫码看教学视频

图 2-12　原图与效果对比展示

▶▷ 步骤 1　打开一个项目文件，进入达芬奇"剪辑"步骤面板，如图 2-13 所示。

▶▷ 步骤 2　在预览窗口中，可以查看打开的项目效果，如图 2-14 所示。

▶▷ 步骤 3　切换至"调色"步骤面板，在左上角单击 LUT 按钮 LUT，展开 LUT 滤镜面板，如图 2-15 所示，该面板中的滤镜样式可以帮助用户校正画面色彩。

图 2-13　打开一个项目文件

图 2-14　查看打开的项目效果

▶▶ 步骤 4　在下方的选项面板中，选择 Olympus 选项，展开相应的选项卡，在其中选择相应的滤镜样式，如图 2-16 所示。

图 2-15　单击 LUT 按钮

图 2-16　选择相应的滤镜样式

▶▶ 步骤 5　按住鼠标左键并拖动至预览窗口的图像画面上，释放鼠标左键即可将选择的滤镜样式添加至视频素材上，如图 2-17 所示。

▶▶ 步骤 6　即可在预览窗口中查看色彩校正后的效果，可以看到画面还是有着明显的过曝现象，如图 2-18 所示。

图 2-17　拖动滤镜样式

图 2-18　查看色彩校正后的效果

▶▶ 步骤 7　在时间线下方面板中单击"色轮"按钮◉，展开"色轮"面板，如图 2-19 所示。

▶▶ 步骤 8 按住"亮部"下方的轮盘并向左拖动，直至参数值均显示为 0.61，即可降低亮度值调整画面曝光，在预览窗口即可查看最终效果，如图 2-20 所示。

图 2-19　单击"色轮"按钮

图 2-20　调整"亮部"参数值

2.2.2　自动平衡图像色彩

【效果展示】当图像出现色彩不平衡的情况时，有可能是因为摄影机的白平衡参数设置错误，或者因为天气、灯光等因素造成色偏，在达芬奇中，用户可以根据需要应用"自动平衡"功能，调整图像色彩平衡，原图与效果对比如图 2-21 所示。

扫码看案例效果　扫码看教学视频

图 2-21　原图与效果对比展示

▶▶ 步骤 1 打开一个项目文件，进入达芬奇"剪辑"步骤面板，如图 2-22 所示。

▶▶ 步骤 2 在预览窗口中，可以查看打开的项目效果，如图 2-23 所示。

图 2-22　打开一个项目文件

图 2-23　查看打开的项目效果

▶▶ 步骤3 切换至"调色"步骤面板,打开"色轮"面板,在面板下方单击"自动平衡"按钮Ⓐ,即可自动调整图像色彩平衡,在预览窗口中可以查看调整后的图像效果,如图 2-24 所示。

图 2-24 单击"自动平衡"按钮

2.2.3 镜头匹配调色

【效果展示】达芬奇拥有镜头自动匹配功能,可以对两个片段进行色调分析,自动匹配效果较好的视频片段。镜头匹配是每一个调色师的必学基础课,也是一个调色师经常会遇到的难题。对一个单独的视频镜头调色可能还算容易,但要对整个视频色调进行统一调色就相对较难了,这需要用到镜头匹配功能进行辅助调色,原图与效果对比如图 2-25 所示。

扫码看案例效果　扫码看教学视频

图 2-25 原图与效果对比展示

▶▶ 步骤1 打开一个项目文件,进入达芬奇"剪辑"步骤面板,如图 2-26 所示。

▶▶ 步骤2 在预览窗口中可以查看打开的项目效果,如图 2-27 所示,在第二个视频素材画面色彩已经调整完成,可以将其作为要匹配的目标片段。

▶▶ 步骤3 切换至"调色"步骤面板,在"片段"面板中,选择需要进行镜头匹配的第一个视频片段,如图 2-28 所示。

▶▶ 步骤4 在第二个视频片段上右击,在弹出的快捷菜单中选择"与此片段进行镜头匹配"命令,如图 2-29 所示。

图 2-26　打开一个项目文件

图 2-27　查看打开的项目效果

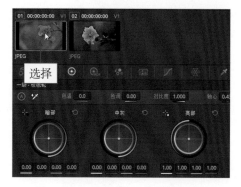

图 2-28　选择第一个视频片段

图 2-29　选择"与此片段进行镜头匹配"命令

▶▶ 步骤5　即可在预览窗口中预览第一段视频镜头匹配后的画面效果，如图 2-30 所示。

▶▶ 步骤6　从视频画面中可以看到效果偏绿，在"色轮"面板中，按住"偏移"色轮中间的圆点，并将左下角的绿色区块拖动至合适位置后释放鼠标左键，调整偏移参数，即可在预览窗口中查看最终的画面效果，如图 2-31 所示。

图 2-30　预览镜头匹配后的画面效果

图 2-31　调整偏移参数

2.3 使用色轮的调色技巧

在达芬奇"调色"步骤面板的"色轮"面板中，有三个模式面板供用户调色，分别是校色轮、校色条以及 Log 色轮，下面介绍这三种调色技巧。

2.3.1 使用校色轮调色

【效果展示】在达芬奇"色轮"面板的"校色轮"选项面板中，共有四个色轮，从左往右分别是暗部、中灰、亮部以及偏移，顾名思义，分别用来调整图像画面的阴影部分、中间灰色部分、高光部分以及色彩偏移部分，下面介绍具体操作方法，原图与效果对比如图 2-32 所示。

扫码看案例效果　扫码看教学视频

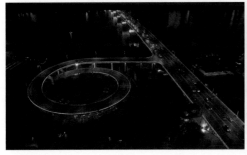 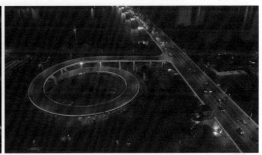

图 2-32　原图与效果对比展示

▶▶ 步骤1　打开一个项目文件，进入达芬奇"剪辑"步骤面板，如图 2-33 所示。

▶▶ 步骤2　在预览窗口中可以查看打开的项目效果，如图 2-34 所示，需要将画面中的暗部调亮，并调整整体色调偏黄。

图 2-33　打开一个项目文件　　　　图 2-34　查看打开的项目效果

▶▶ 步骤3　切换至"调色"步骤面板，展开"色轮"|"校色轮"面板，将鼠标移至"暗

部"色轮下方的轮盘上，按住鼠标左键并向右拖动，直至色轮下方的参数均显示为 0.05，如图 2-35 所示。

图 2-35　调整"暗部"色轮参数

▶▶ 步骤 4　按住"偏移"色轮中间的圆点，并向左边黄色区块拖动至合适位置后释放鼠标左键，调整偏移参数，即可在预览窗口中查看最终效果，如图 2-36 所示。

图 2-36　调整"偏移"色轮参数

2.3.2　使用校色条调色

【效果展示】在达芬奇"色轮"面板的"校色条"选项面板中，共有四组色条，其作用与"校色轮"选项面板中的色轮作用相同，并且与色轮是联动关系：当用户调整色轮中的参数时，色条参数也会随之改变；反之，当用户调整色条参数时，色轮下方的参数也会随之改变，原图与效果对比如图 2-37 所示。

扫码看案例效果　扫码看教学视频

图 2-37　原图与效果对比展示

▶▶ 步骤1 打开一个项目文件，进入达芬奇"剪辑"步骤面板，如图 2-38 所示。

▶▶ 步骤2 在预览窗口中可以查看打开的项目效果，需要将画面中的暗部调亮，并使画面偏蓝色调，如图 2-39 所示。

图 2-38 打开一个项目文件　　　　图 2-39 查看打开的项目效果

▶▶ 步骤3 切换至"调色"步骤面板，在"色轮"面板中单击"校色条"按钮 ▥，如图 2-40 所示。

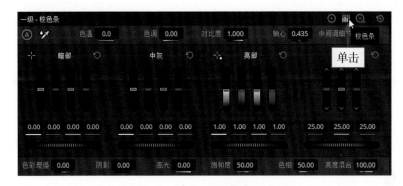

图 2-40 单击"校色条"按钮

▶▶ 步骤4 将鼠标移至"暗部"色条下方的轮盘上，按住鼠标左键并向左拖动至色轮下方的参数均显示为 -0.02，如图 2-41 所示。

图 2-41 调整"暗部"色条参数

▶▶ 步骤5 将鼠标移至"亮部"色条中的蓝色通道上，按住鼠标左键并往上拖动至

一级调色：对画面进行初步调色

参数显示为 1.15，即可在预览窗口中查看最终效果，如图 2-42 所示。

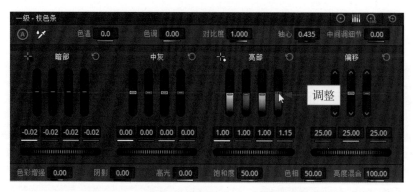

图 2-42　调整"亮部"色条蓝色通道参数

专家指点：用户在调整参数时，如需恢复数据重新调整，可以单击每组色条（或色轮）右上角的"恢复重置"按钮，快速恢复素材的原始参数。

2.3.3　使用 Log 色轮调色

【效果展示】Log 色轮可以保留图像画面中暗部和亮部的细节，为用户后期调色提供了很大的空间。在达芬奇"色轮"面板的 Log 色轮选项面板中，共有四个色轮，分别是阴影、中间调、高光以及偏移，用户在应用 Log 色轮调色时，可以展开示波器面板查看图像波形状况，配合示波器对图像素材进行调色处理，原图与效果对比如图 2-43 所示。

扫码看案例效果　扫码看教学视频

图 2-43　原图与效果对比展示

▶▶ 步骤1　打开一个项目文件，进入达芬奇"剪辑"步骤面板，如图 2-44 所示。

▶▶ 步骤2　在预览窗口中，可以查看打开的项目效果，如图 2-45 所示，需要将画面调成清晨阳光透过云层的效果。

▶▶ 步骤3　切换至"调色"步骤面板，展开"分量图"示波器面板，在其中可以查看图像波形状况，可以看到波形分布比较均匀，无偏色状况，如图 2-46 所示。

▶▶ 步骤4　在"色轮"面板中，在右上角单击"Log 色轮"按钮，如图 2-47 所示。

图 2-44　打开一个项目文件

图 2-45　查看打开的项目效果

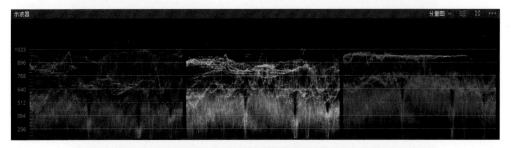

图 2-46　查看图像波形状况

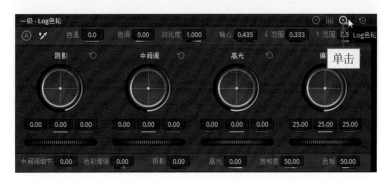

图 2-47　单击"Log 色轮"按钮

▶▶ 步骤5　切换至"一级 -Log 色轮"选项面板，首先将素材的阴影部分降低，将鼠标移至"阴影"色轮下方的轮盘上，按住鼠标左键并向左拖动至色轮下方的参数均显示为 -0.44，如图 2-48 所示。

图 2-48　调整"阴影"参数

▶▷ 步骤6 调整高光部分的光线，按住"高光"色轮中心的圆圈并往红色区块方向拖动，直至参数分别显示为 0.05、0.02、-0.39，释放鼠标左键，提高红色亮度，使画面中的光线呈红色暖光调，如图 2-49 所示。

图 2-49 调整"高光"色轮参数

▶▷ 步骤7 按住"中间调"色轮下方的轮盘，并向右拖动，直至参数均显示为 0.15，如图 2-50 所示。

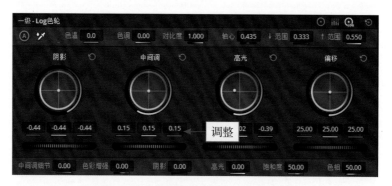

图 2-50 调整"中间调"色轮参数

▶▷ 步骤8 单击"偏移"色轮中间的圆圈，并向上拖动，直至参数显示为 29.82、23.71、23.19，如图 2-51 所示。

图 2-51 调整"偏移"色轮参数

▶▷ 步骤9 示波器中的蓝色波形明显降低了，如图 2-52 所示。在预览窗口中，可以查看调整后的视频画面效果。

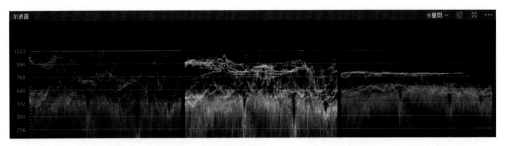

图 2-52　查看调整后显示的波形状况

2.4　使用 RGB 混合器进行调色

　　在"调色"步骤面板中，RGB 混合器非常实用，在 RGB 混合器面板中，有红色输出、绿色输出以及蓝色输出三组颜色通道，每组颜色通道都有三个滑块控制条，可以帮助用户针对图像画面中的某一个颜色进行准确调节时不影响画面中的其他颜色。RGB 混合器还具有为黑白的单色图像调整 RGB 比例参数的功能，并且在默认状态下会自动开启"保留亮度"功能，保持颜色通道调节时，亮度值不变，为用户后期调色提供了很大的创作空间。

2.4.1　通过红色输出颜色通道

　　【效果展示】在 RGB 混合器中，红色输出颜色通道的三个滑块控制条的默认比例为 1:0:0，当增加红色滑块控制条时，面板中绿色和蓝色滑块控制条的参数并不会发生变化，但用户可以在示波器中看到绿色和蓝色波形会等比例混合下降，原图与效果对比如图 2-53 所示。

扫码看案例效果

扫码看教学视频

图 2-53　原图与效果对比展示

　　▶▶ 步骤 1　打开一个项目文件，进入达芬奇"剪辑"步骤面板，如图 2-54 所示。

　　▶▶ 步骤 2　在预览窗口中，可以查看打开的项目效果，如图 2-55 所示，需要加重图像画面中的红色色调。

　　▶▶ 步骤 3　切换至"调色"步骤面板，在示波器中查看图像波形状况，如图 2-56 所示，可以看到红色、绿色以及蓝色波形。

图 2-54　打开一个项目文件

图 2-55　查看打开的项目效果

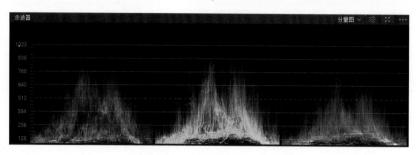

图 2-56　查看图像波形状况

▶▶ 步骤 4　在时间线下方面板中，单击"RGB 混合器"按钮，切换至"RGB 混合器"面板，如图 2-57 所示。

图 2-57　单击"RGB 混合器"按钮

▶▶ 步骤 5　将鼠标移至"红色输出"颜色通道红色控制条的滑块上，按住鼠标左键并向上拖动直至参数显示为 1.40，如图 2-58 所示。

图 2-58　拖动红色参数

▶▶ 步骤6　在示波器中，可以看到红色波形波峰上升后，绿色和蓝色波形波峰基本持平，可在预览窗口中查看制作的视频效果，如图 2-59 所示。

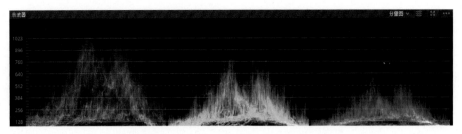

图 2-59　查看调整后显示的波形状况

2.4.2　通过绿色输出颜色通道

【效果展示】在 RGB 混合器中，绿色输出颜色通道的三个滑块控制条的默认比例为 0：1：0，当图像画面中的绿色成分过多或需要在画面中增加绿色色彩时，可通过 RGB 混合器中的绿色输出通道调节图像画面色彩，原图与效果对比如图 2-60 所示。

扫码看案例效果　扫码看教学视频

图 2-60　原图与效果对比展示

▶▶ 步骤1　打开一个项目文件，进入达芬奇"剪辑"步骤面板，如图 2-61 所示。

▶▶ 步骤2　在预览窗口中可以查看打开的项目效果，如图 2-62 所示，图像画面中绿色的成分过少，需要增加绿色输出。

图 2-61　打开一个项目文件　　　　图 2-62　查看打开的项目效果

▶▷ 步骤3 切换至"调色"步骤面板，在示波器中查看图像波形状况，如图2-63所示。

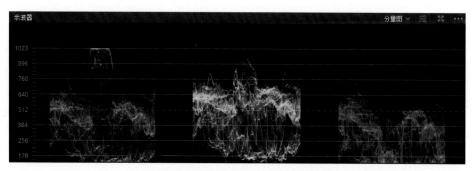

图 2-63　查看图像 RGB 波形状况

▶▷ 步骤4 切换至"RGB混合器"面板，将鼠标移至"绿色输出"颜色通道绿色控制条的滑块上，按住鼠标左键并向上拖动，直至参数显示为1.49，如图2-64所示。

图 2-64　拖动滑块

▶▷ 步骤5 在示波器中，可以看到在增加绿色值后，红色和蓝色波形明显降低，如图2-65所示。在预览窗口中查看制作的视频效果。

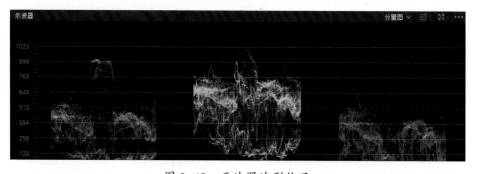

图 2-65　示波器波形状况

2.4.3　通过蓝色输出颜色通道

【效果展示】在RGB混合器中，蓝色输出颜色通道的三个滑块控制条的默认比例为0:0:1。红绿蓝三色，不同

扫码看案例效果　扫码看教学视频

的颜色搭配可以调配出多种自然色彩，如红绿搭配会变成黄色，若想降低黄色浓度，可以适当提高蓝色色调混合整体色调，原图与效果对比如图 2-66 所示。

图 2-66　原图与效果对比展示

▶▶ 步骤 1　打开一个项目文件，进入达芬奇"剪辑"步骤面板，如图 2-67 所示。

▶▶ 步骤 2　在预览窗口中可以查看打开的项目效果，如图 2-68 所示，图像画面有点儿偏黑，需要提高蓝色输出平衡图像画面色彩。

图 2-67　打开一个项目文件　　　　图 2-68　查看打开的项目效果

▶▶ 步骤 3　切换至"调色"步骤面板，在示波器中查看图像波形状况，如图 2-69 所示，可以看到红色波形与绿色波形基本持平，而蓝色波形部分明显比红绿两道波形要低。

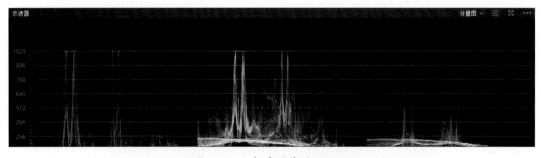

图 2-69　查看图像波形状况

▶▶ 步骤 4　切换至"RGB 混合器"面板，将鼠标移至"蓝色输出"颜色通道控制条的滑块上，按住鼠标左键并向上拖动，直至参数显示为 -0.05、-0.08、2.00，如图 2-70 所示。

▶▶ 步骤5 在示波器中可以查看蓝色波形的涨幅状况，如图 2-71 所示。在预览窗口中查看制作的视频效果。

图 2-70 设置相应参数

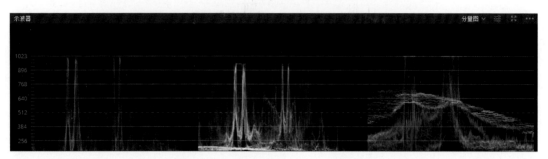

图 2-71 查看蓝色波形的涨幅状况

2.5 使用运动特效进行降噪

噪点是图像中的凸起粒子，是比较粗糙的部分像素，在感光度过高、曝光时间过长等情况下会使图像画面产生噪点，要想获得干净的图像画面，用户可以使用后期软件中的降噪工具进行处理。

在 DaVinci Resolve 18 中，用户可通过"运动特效"功能进行降噪，该功能主要基于 GPU（单芯片处理器）进行分析运算。图 2-72 为"运动特效"面板。在"运动特效"面板中，降噪功能主要分为"时域降噪"和"空域降噪"两部分，本节介绍"运动特效"功能面板及其使用方法。

图 2-72 "运动特效"面板

2.5.1　时域降噪视频效果

【效果展示】时域降噪主要根据时间帧进行降噪分析，调整"时域阈值"选项区下方的相应参数，在分析当前帧的噪点时，还会分析前后帧的噪点，对噪点进行统一处理，消除帧与帧之间的噪点，原图与效果对比如图 2-73 所示。

扫码看案例效果　扫码看教学视频

图 2-73　原图与效果对比展示

▶▶ 步骤1　打开一个项目文件，进入达芬奇"剪辑"步骤面板，如图 2-74 所示。

▶▶ 步骤2　在预览窗口中，可以查看打开的项目效果，如图 2-75 所示。

▶▶ 步骤3　切换至"调色"步骤面板，单击"运动特效"按钮，展开"运动特效"面板，如图 2-76 所示。

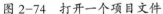

图 2-74　打开一个项目文件

图 2-75　查看打开的项目效果

▶▶ 步骤4　在"时域降噪"选项区中，单击"帧数"右侧的下拉按钮，在弹出的下拉列表框中选择"5"选项，如图 2-77 所示。

▶▶ 步骤5　在"时域阈值"选项区中，设置"亮度""色度"以及"运动"参数均为 100.0，如图 2-78 所示。在预览窗口中查看时域降噪处理效果。

图 2-76　单击"运动特效"按钮

图 2-77　选择"5"选项

图 2-78　设置相应参数

专家指点："亮度"和"色度"为联动链接状态，当用户修改两者其中一个参数值时，另一个参数也会修改为一样的参数值，只有单击 🔗 按钮，断开链接才能单独设置"亮度"和"色度"的参数值。

2.5.2　空域降噪视频效果

【效果展示】空域降噪主要是对画面空间进行降噪分析，不同于时域降噪会根据时间对一整段素材画面进行统一处理，空域降噪只对当前画面进行降噪，当下一帧画面播放时，再对下一帧进行降噪，原图与效果对比如图 2-79 所示。

扫码看案例效果　扫码看教学视频

图 2-79　原图与效果对比展示

▶▷ 步骤1 打开一个项目文件,进入达芬奇"剪辑"步骤面板,如图2-80所示。

▶▷ 步骤2 在预览窗口中可以预览插入的素材画面效果,如图2-81所示。

图 2-80 打开一个项目文件

图 2-81 预览画面效果

▶▷ 步骤3 切换至"调色"步骤面板,展开"运动特效"面板,在"空域阈值"选项区下方的"亮度"和"色度"数值框中,输入参数均为100.00,如图2-82所示。

▶▷ 步骤4 在预览窗口中,即可预览"较快"模式降噪后的画面效果,如图2-83所示。

图 2-82 输入参数

图 2-83 "较快"模式降噪后的画面效果

▶▶ 步骤5 单击"模式"右侧的下拉按钮，在弹出的下拉列表框中，选择"更强"选项，即可预览"更强"模式降噪后的画面效果，如图 2-84 所示。

图 2-84 选择"更强"选项

第 **3** 章

二级调色：对
局部细节进行
校正

　　每种颜色所包含的意义和向观众传达的情感都不
同，只有对颜色有所了解，才能更好地使用达芬奇进
行后期调色。本章主要介绍对素材图像的局部画面进
行二级调色，相对一级调色来说，二级调色更注重画
面中的细节处理。

☀ 新手重点索引

▶ 什么是二级调色 ▶ 使用曲线功能进行调色

▶ 创建选区进行抠像调色 ▶ 创建窗口蒙版局部调色

▶ 使用跟踪与稳定功能进行调色 ▶ 使用 Alpha 通道控制调色区域

▶ 使用"模糊"功能虚化视频画面

☀ 效果图片欣赏

3.1 什么是二级调色

　　什么是二级调色？在回答这个问题之前，首先要理解一下一级调色。在对素材图像进行调色操作前，需要对素材图像进行一个简单的勘测，如图像是否有过度曝光、灯光是否太暗、是否偏色、饱和度浓度如何、是否存在色差、色调是否统一等，用户针对上述问题对素材图像进行曝光、对比度、色温等校色调整，就是一级调色。

　　二级调色则是在一级调色处理的基础上，对素材图像的局部画面进行细节处理，如物品颜色突出、肤色深浅、服装搭配、去除杂物、抠像等细节，并对素材图像的整体风格进行色彩处理，保证整体色调统一。如果一级调色进行校色调整时没有处理好，会影响二级调色。因此，用户在进行二级调色前，一级调色可以处理的问题，不要留到二级调色时再处理。

3.2 使用曲线功能进行调色

　　在 DaVinci Resolve 18 中，"曲线"面板中共有 7 个调色操作模式，如图 3-1 所示。其中，"曲线–自定义"模式可以在图像色调的基础上进行调节，而另外6种曲线调色模式则主要通过"曲线–色相 对 色相""曲线–色相 对 饱和度""曲线–色相 对 亮度"以及亮度3种元素进行调节。下面介绍应用曲线功能调色的操作方法。

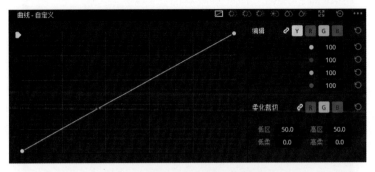

（a）"曲线–自定义"模式面板

（b）"曲线–色相 对 色相"模式面板

（c）"曲线–色相 对 饱和度"模式面板

（d）"曲线–色相 对 亮度"模式面板
图3-1 7个模式面板

二级调色：对局部细节进行校正

（e）"曲线 – 亮度 对 饱和度"模式面板

（f）"曲线 – 饱和度 对 饱和度"模式面板

（g）"曲线 – 饱和度 对 亮度"模式面板

图 3-1　7 个模式面板（续）

3.2.1　使用自定义调色

【效果展示】"自定义"模式面板主要由两个板块组成。

扫码看案例效果　扫码看教学视频

• 左侧是曲线编辑器。横坐标轴表示图像的明暗程度，最左侧为暗（黑色），最右侧为明（白色），纵坐标轴表示色调。编辑器中有一根对角白线，在白线上单击可以添加控制点，以此线为界限，往左上范围拖动添加的控制点，可提高图像画面的亮度，往右下范围拖动控制点，可降低图像画面的亮度，可以理解为左上为明，右下为暗。当用户需要删除控制点时，在控制点上右击即可。

• 右侧是曲线参数控制器。在曲线参数控制器中，有 YRGB 4 个颜色按钮，分别对应按钮下方的 4 个曲线调节通道，用户可通过左右拖动 YRGB 通道上的圆点滑块调整色彩参数。在面板中有一个联动按钮，默认状态下该按钮是开启状态，当用户拖动任意一个通道上的滑块时，会同时调整改变其他三个通道的参数，用户只有将联动按钮关闭，才可以在面板中单独选择某一个通道进行调整操作。在下方的柔化裁切区，用户可通过输入参数值或单击参数文本框后，向左拖动降低数值或向右提高数值，调节 RGB 柔化高低。

在"曲线"面板中拖动控制点，只会影响与控制点相邻的两个控制点之间的那段曲线，用户通过调节曲线位置，即可调整图像画面中的色彩浓度和明暗对比度，原图与效果对比如图 3-2 所示。

图 3-2　原图与效果对比展示

▶▶ 步骤1　打开一个项目文件，进入达芬奇"剪辑"步骤面板，如图 3-3 所示。

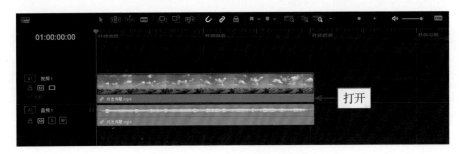

图 3-3　打开一个项目文件

▶▶ 步骤2　在预览窗口中查看打开的项目效果，需要将画面中的颜色调浓，如图 3-4 所示。

图 3-4　查看打开的项目效果

▶▶ 步骤3　切换至"调色"步骤面板，在左上角单击 LUT 按钮 ，展开 LUT 面板，在下方的选项面板中，展开 Blackmagic Design 选项卡，选择第 8 个模型样式，如图 3-5 所示。

▶▶ 步骤4 按住鼠标左键并拖动至预览窗口的图像画面上，释放鼠标左键，即可将选择的样式添加至视频素材上，效果如图 3-6 所示。

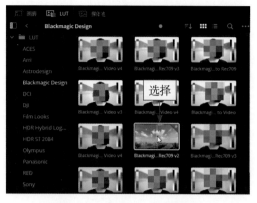

图 3-5 选择第 8 个模型样式

图 3-6 色彩校正效果

▶▶ 步骤5 展开"曲线"面板，在"曲线－自定义"编辑器中的合适位置处单击添加一个控制点，如图 3-7 所示。

▶▶ 步骤6 按住鼠标左键向下拖动，同时观察预览窗口中画面色彩的变化，至合适位置后释放鼠标左键，如图 3-8 所示。

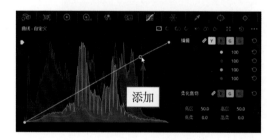

图 3-7 添加一个控制点

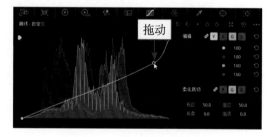

图 3-8 向下拖动控制点

▶▶ 步骤7 预览窗口中显示效果如图 3-9 所示，画面中上面的天空部分调蓝了，但是下面的部分变暗了，需要微调一下暗部的亮度。

▶▶ 步骤8 在编辑器左边的合适位置处继续添加一个控制点，并拖动至合适位置处，即可在预览窗口中查看最终效果，如图 3-10 所示。

图 3-9 显示效果

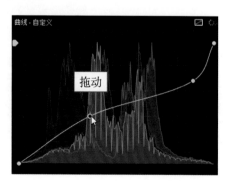

图 3-10 添加第二个控制点

3.2.2 使用色相对色相调色

【效果展示】在"色相 对 色相"面板中，曲线为横向水平线，从左到右的色彩范围为红、绿、蓝、红，曲线左右两端相连为同一色相，用户可通过调节控制点，将素材图像画面中的色相改变成另一种色相，原图与效果对比如图 3-11 所示。

扫码看案例效果 扫码看教学视频

图 3-11 原图与效果对比展示

▶▶ 步骤1 打开一个项目文件，进入达芬奇"剪辑"步骤面板，如图 3-12 所示。

▶▶ 步骤2 在预览窗口中可以查看打开的项目效果，如图 3-13 所示。

图 3-12 打开一个项目文件

图 3-13 查看打开的项目效果

▶▶ 步骤3 切换至"调色"步骤面板，在"曲线"面板中单击"色相 对 色相"按钮，如图 3-14 所示。

图 3-14 单击"色相 对 色相"按钮

▶▷ 步骤 4 展开"曲线 – 色相 对 色相"面板，在面板下方单击绿色色块，如图 3-15 所示。

图 3-15 单击绿色色块

▶▷ 步骤 5 即可在编辑器中的曲线上添加三个控制点，选中第二个控制点，如图 3-16 所示。

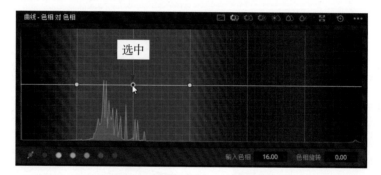

图 3-16 选中第二个控制点

▶▷ 步骤 6 长按鼠标左键并向下拖动选中的控制点至合适位置后释放鼠标左键，如图 3-17 所示。即可改变图像画面中的色相，在预览窗口中，可以查看色相转变效果。

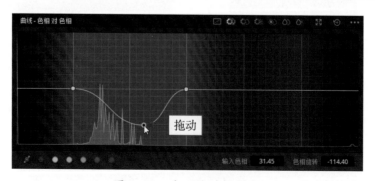

图 3-17 向下拖动控制点

专家指点：在"色相对色相"面板下方，有 6 个色块，单击其中一个颜色色块，曲线编辑器中的曲线会自动在相应颜色色相范围内添加 3 个控制点，两端的两个控制点用来固定色相边界，中间的控制点用来调节。当然，两端的两个控制点也可以调节，用户可以根据需求调节相应控制点。

3.2.3 使用色相对饱和度调色

【效果展示】"色相 对 饱和度"曲线模式，其面板与"色相 对 色相"曲线模式相差不大，但制作的效果却不同，"色相 对 饱和度"曲线模式可以校正图像画面中色相过度饱和或欠缺饱和的状况，原图与效果对比如图3-18所示。

扫码看案例效果　扫码看教学视频

图 3-18　原图与效果对比展示

▶▶ 步骤1 打开一个项目文件，进入达芬奇"剪辑"步骤面板，如图3-19所示。

▶▶ 步骤2 在预览窗口中可以查看打开的项目效果，如图3-20所示。需要提高花朵的饱和度，并且不影响图像画面中的其他色调。

图 3-19　打开一个项目文件

图 3-20　查看打开的项目效果

▶▶ 步骤3 切换至"调色"步骤面板，在"曲线"面板中单击"色相 对 饱和度"按钮，如图3-21所示。

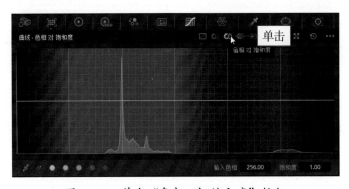

图 3-21　单击"色相 对 饱和度"按钮

▶▷ 步骤 4 展开"曲线 – 色相 对 饱和度"面板，在下方单击红色色块，如图 3-22 所示。

图 3-22　单击红色色块

▶▷ 步骤 5 即可在编辑器中的曲线上添加三个控制点，选中左侧第一个控制点，如图 3-23 所示。

图 3-23　选中控制点

▶▷ 步骤 6 长按鼠标左键并向上拖动选中的控制点，至合适位置后释放鼠标左键，如图 3-24 所示。

图 3-24　向上拖动控制点

▶▷ 步骤 7 再次选中左侧第二个控制点，长按鼠标左键并向上拖动选中的控制点，至合适位置后释放鼠标左键，如图 3-25 所示。用相同的方法调节自己想要的效果，即可在预览窗口中查看校正色相饱和度后的效果。

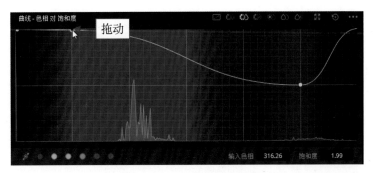

图 3-25　向上拖动控制点

3.2.4　使用亮度对饱和度调色

【效果展示】"亮度 对 饱和度"曲线模式主要是在
图像原本的色调基础上进行调整，而不是在色相范围的基
础上调整。在"亮度 对 饱和度"面板中，横轴左侧为黑色，

扫码看案例效果　扫码看教学视频

表示图像画面的阴影部分；横轴右侧为白色，表示图像画面的高光位置。以水平曲线为
界，上下拖动曲线上的控制点，可降低或提高指定位置的饱和度。使用"亮度 对 饱和度"
曲线模式调色，可以根据需求在画面的阴影处或明亮处调整饱和度，原图与效果对比如
图 3-26 所示。

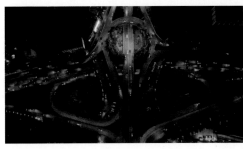

图 3-26　原图与效果对比展示

▶▶ 步骤1　打开一个项目文件，进入达芬奇"剪辑"步骤面板，如图 3-27 所示。

▶▶ 步骤2　在预览窗口中可以查看打开的项目效果，需要将画面中高光部分的饱和
度提高，如图 3-28 所示。

图 3-27　打开一个项目文件

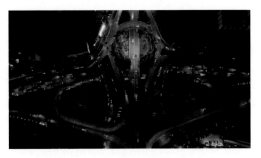

图 3-28　查看打开的项目效果

▶▶ 步骤 3 切换至"调色"步骤面板，展开"曲线－亮度 对 饱和度"模式面板，按住【Shift】键的同时，在水平曲线上单击添加一个控制点，如图 3-29 所示。

图 3-29　添加一个控制点

专家指点：在"曲线"面板中，添加控制点的同时按住【Shift】键，可以防止添加控制点时移动位置。

▶▶ 步骤 4 选中添加的控制点并向上拖动，直至下方面板中"输入亮度"参数显示为 0.17、"饱和度"参数显示为 1.87，即可在预览窗口中查看提高饱和度后的效果，如图 3-30 所示。

图 3-30　向上拖动控制点

3.2.5　使用饱和度对饱和度调色

【效果展示】"饱和度 对 饱和度"曲线模式也是在图像原本的色调基础上进行调节，主要用于调节图像画面中过度饱和或者饱和度不够的区域。在"饱和度 对 饱和度"面板中，横轴左侧为图像画面中的低饱和区，横轴右侧为画面中的高饱和区。以水平曲线为界，上下拖动曲线上的控制点，可降低或提高指定区域的饱和度，原图与效果对比如图 3-31 所示。

扫码看案例效果　扫码看教学视频

▶▶ 步骤 1 打开一个项目文件，进入达芬奇"剪辑"步骤面板，如图 3-32 所示。

▶▶ 步骤 2 在预览窗口中可以查看打开的项目效果，如图 3-33 所示。

图 3-31　原图与效果对比展示

图 3-32　打开一个项目文件

图 3-33　查看打开的项目效果

▶▷ 步骤3 切换至"调色"步骤面板，展开"曲线 - 饱和度 对 饱和度"模式面板，按住【Shift】键的同时，在水平曲线的中间位置单击添加一个控制点，以此为分界点，左侧为低饱和区，右侧为高饱和区，如图 3-34 所示。

图 3-34　添加一个控制点

专家指点：在"曲线 - 饱和度 对 饱和度"面板编辑器的水平曲线上添加一个控制点作为分界点，方便用户在调节低饱和区时，不会影响高饱和区的曲线，反之亦然。

▶▷ 步骤4 在低饱和区的曲线线段上单击，再次添加一个控制点，如图 3-35 所示。

▶▷ 步骤5 选中添加的控制点并向上拖动，直至下方面板中"输入饱和度"参数显示为 0.17、"输出饱和度"参数显示为 1.98，即可在预览窗口中查看图像画面提高饱和度后的效果，如图 3-36 所示。

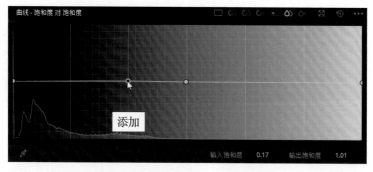

图 3-35　再次添加一个控制点

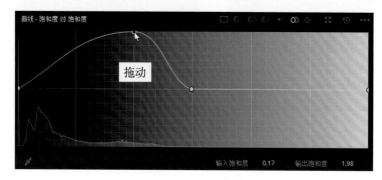

图 3-36　向上拖动控制点

3.3　创建选区进行抠像调色

对素材图形进行抠像调色，是二级调色必学的一个环节。DaVinci Resolve 18 为用户提供了限定器功能面板，其中包含了 4 种抠像操作模式，分别是 HSL、RGB、亮度以及 3D 限定器，可以帮助用户对素材图像创建选区，把不同亮度、不同色调的部分画面分离出来，然后根据亮度、风格、色调等需求，对分离出来的部分画面进行有针对性的色彩调节。

3.3.1　使用 HSL 限定器抠像调色

【效果展示】HSL 限定器主要通过"拾取器"工具根据素材图像的色相、饱和度以及亮度进行抠像。当用户使用"拾取器"工具在图像上进行色彩取样时，HSL 限定器会自动对选取部分的色相、饱和度以及亮度进行综合分

扫码看案例效果　扫码看教学视频

析。下面通过实例操作介绍使用 HSL 限定器创建选区抠像调色的方法，原图与效果对比如图 3-37 所示。

▶▷ 步骤1 打开一个项目文件，进入达芬奇"剪辑"步骤面板，如图 3-38 所示。

▶▷ 步骤2 在预览窗口中可以查看打开的项目效果，需要在不改变画面中其他部分的情况下，将红色背景改成绿色背景，如图 3-39 所示。

图 3-37 原图与效果对比展示

图 3-38 打开一个项目文件　　　　图 3-39 查看打开的项目效果

▶▷ 步骤3 切换至"调色"步骤面板，单击"限定器"按钮 ，如图 3-40 所示，展开"限定器 -HSL"面板。

图 3-40 单击"限定器"按钮

▶▷ 步骤4 在"限定器 -HSL"选项区中，单击"拾取器"按钮 ，光标随即转换为滴管工具，如图 3-41 所示。

▶▷ 步骤5 移动光标至"检视器"面板，单击"突出显示"按钮 ，如图 3-42 所示。此按钮可以使被选取的抠像区域突出显示在画面中，未被选取的区域将会以灰白色显示。

▶▶ 步骤6 在预览窗口中按住鼠标左键，拖动光标选取红色区域，未被选取的区域画面以灰白色显示，如图3-43所示。在"限定器"面板中设置"降噪"参数为58.0。

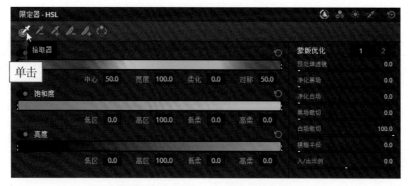

图3-41 单击"拾色器"按钮

图3-42 单击"突出显示"按钮

图3-43 选取红色区域

专家指点：在"选择范围"选项区中共有6个工具按钮，其作用如下。

❶ "拾取器"按钮🖌：单击该按钮，光标即可变为滴管工具，可以在预览窗口中的图像素材上单击或拖动光标，对相同颜色进行取样抠像。

❷ "拾取器减"按钮🖌：其操作方法与"拾色器"工具相同，可以在预览窗口中的抠像上通过单击或拖动光标减少抠像区域。

❸ "拾取器加"按钮🖌：其操作方法与"拾色器"工具相同，可以在预览窗口中的抠像上通过单击或拖动光标增加抠像区域。

❹ "柔化减"按钮🖌：单击该按钮，在预览窗口中的抠像上通过单击或拖动光标减弱抠像区域的边缘。

❺ "柔化加"按钮🖌：单击该按钮，在预览窗口中的抠像上通过单击或拖动光标优化抠像区域的边缘。

❻ "反向"按钮🖌：单击该按钮，可以在预览窗口中反选未被选中的抠像区域。

▶▶ 步骤7 完成抠像后，切换至"曲线 - 色相 对 色相"面板，单击红色色块，在曲线上添加三个控制点，选中左侧第一个控制点，按住鼠标左键向下拖动，直至"输入色相"参数显示为257.55、"色相旋转"参数显示为-173.60，如图3-44所示。

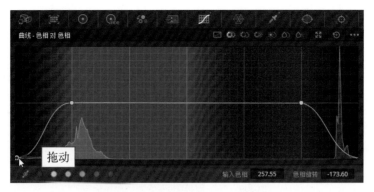

图 3-44　拖动控制点调整色相

▶▶ 步骤8　即可将红色背景改为绿色背景，再次单击"突出显示"按钮![icon]，如图 3-45 所示，恢复未被选取的区域画面，查看最终效果。

图 3-45　单击"突出显示"按钮

3.3.2　使用 RGB 限定器抠像调色

【效果展示】RGB 限定器主要根据红、绿、蓝三个颜色通道的范围和柔化进行抠像。它可以更好地帮助用户解决图像上 RGB 色彩分离的情况，下面通过实例操作进行介绍。原图与效果对比如图 3-46 所示。

扫码看案例效果　扫码看教学视频

图 3-46　原图与效果对比展示

▶▶ 步骤1 打开一个项目文件，进入达芬奇"剪辑"步骤面板，如图 3-47 所示。

▶▶ 步骤2 在预览窗口中可以查看打开的项目效果，需要提高画面中天空的饱和度，如图 3-48 所示。

图 3-47 打开一个项目文件　　　　　　　　　图 3-48 查看打开的项目效果

▶▶ 步骤3 切换至"调色"步骤面板，展开"限定器"面板，单击 RGB 按钮，展开"限定器 -RGB"面板，如图 3-49 所示。

图 3-49 单击 RGB 按钮

▶▶ 步骤4 在"限定器 -RGB"面板中，单击"拾取器"按钮，光标随即转换为滴管工具，如图 3-50 所示。

图 3-50 单击"拾取器"按钮

▶▶ 步骤5 移动光标至"检视器"面板，单击"突出显示"按钮，如图 3-51 所示。

步骤6 在预览窗口中，按住鼠标左键的同时并拖动光标，选取天空区域画面，此时未被选取的区域画面以灰白色显示，如图 3-52 所示。

图 3-51 单击"突出显示"按钮

图 3-52 选取天空区域画面

步骤7 完成抠像后，切换至"色轮"面板，在面板下方设置"饱和度"参数为 100.00，如图 3-53 所示，查看最终效果。

图 3-53 设置"饱和度"参数

3.3.3 使用亮度限定器抠像调色

【效果展示】"亮度"限定器选项面板与 HSL 限定器选项面板中的布局有些类似，差别在于"亮度"限定器选项面板中的色相和饱和度两个通道是禁止使用的，也就是说，"亮度"限定器只能通过亮度通道来分析素材图像中被选取的画面。下面通过实例操作进行介绍，原图与效果对比如图 3-54 所示。

扫码看案例效果 扫码看教学视频

步骤1 打开一个项目文件，进入达芬奇"剪辑"步骤面板，如图 3-55 所示。

步骤2 在预览窗口中可以查看打开的项目效果，需要提高画面中灯光的亮度，使画面中的明暗对比更加明显，如图 3-56 所示。

第 3 章

二级调色：对局部细节进行校正

73

图 3-54　原图与效果对比展示

图 3-55　打开一个项目文件

图 3-56　查看打开的项目效果

▶▷ 步骤 3　切换至"调色"步骤面板，展开"限定器"面板，单击"亮度"按钮，如图 3-57 所示，展开"限定器 – 亮度"面板。

图 3-57　单击"亮度"按钮

▶▷ 步骤 4　在"限定器 – 亮度"选项区中，单击"拾取器"按钮，如图 3-58 所示。

▶▷ 步骤 5　在"检视器"面板上方，单击"突出显示"按钮，如图 3-59 所示。

▶▷ 步骤 6　在预览窗口中，单击选取画面中最亮的一处，同时相同亮度范围中的画面区域也会被选取，如图 3-60 所示。

▶▶ 步骤7 在"限定器-亮度"面板中,"亮度"通道会自动分析选取画面的亮度范围, 设置"降噪"参数为 50.0,如图 3-61 所示。

图 3-58 单击"拾取器"按钮

图 3-59 单击"突出显示"按钮

图 3-60 选取画面中最亮的一处

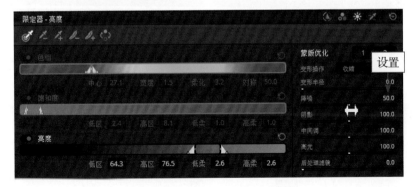

图 3-61 设置"降噪"参数

专家指点:用户可以根据需要,移动亮度滑块扩大或缩小亮度选取范围。

▶▶ 步骤8 完成抠像后,切换至"色轮"面板,向右拖动"亮部"色轮下方的轮盘, 直至参数均显示为 1.50,如图 3-62 所示,查看最终效果。

图 3-62　拖动"亮部"轮盘

3.3.4　使用 3D 限定器抠像调色

【效果展示】在 DaVinci Resolve 18 中，使用 3D 限定器对图像素材进行抠像调色，只需在检视器面板的预览窗口中画一条线，选取需要进行抠像的图像画面，即可创建 3D 键控。用户对选取的画面色彩进行采样后，即可对采集到的颜色根据亮度、色相、饱和度等需求进行调色，原图与效果对比如图 3-63 所示。

扫码看案例效果　扫码看教学视频

图 3-63　原图与效果对比展示

▶▶ 步骤1　打开一个项目文件，进入达芬奇"剪辑"步骤面板，如图 3-64 所示。

▶▶ 步骤2　在预览窗口中，可以查看打开的项目效果，如图 3-65 所示。

图 3-64　打开一个项目文件　　　　图 3-65　查看打开的项目效果

▶▶ 步骤3　切换至"调色"步骤面板，展开"限定器"面板，单击 3D 按钮 ，如图 3-66 所示。

图 3-66　单击 3D 按钮

▶▶ 步骤 4　在"限定器 -3D"选项区中，单击"拾取器"按钮 🖌，在预览窗口中的图像画面上画一条线，如图 3-67 所示。

图 3-67　画一条线

▶▶ 步骤 5　即可将采集到的颜色显示在"限定器"面板中，创建色块选区，如图 3-68 所示。

图 3-68　显示采集到的颜色

▶▶ 步骤 6　在"检视器"面板上方，单击"突出显示"按钮 🔳，在预览窗口中查看被选取的区域画面，如图 3-69 所示。

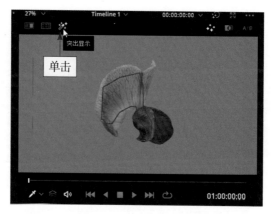

图 3-69　单击"突出显示"按钮（1）

专家指点：3D 限定器支持用户在图像上画多条线，每条线所采集到的颜色，都会显示在 3D 限定器面板中，同时还显示了采集颜色的 RGB 参数值。如果用户多采集了一种颜色，可以单击采样条右侧的删除按钮 🗑 进行清除。

▶▶ 步骤 7　切换至"色轮"面板，按住"亮部"色轮中间的圆点，并将右上角的紫色区块拖动至合适位置后释放鼠标左键，调整偏移参数，如图 3-70 所示。

图 3-70　拖动"亮部"轮盘

▶▶ 步骤 8　再次单击"突出显示"按钮 🔳，如图 3-71 所示，恢复未被选取的区域画面，返回"剪辑"步骤面板，在预览窗口中查看最终效果。

图 3-71　单击"突出显示"按钮（2）

3.4 创建窗口蒙版局部调色

前面介绍了如何使用限定器创建选区，对素材画面进行抠像调色的操作方法，本节介绍如何创建蒙版，对素材图形进行局部调色的操作方法。相对来说，蒙版调色更加方便用户对素材进行细节处理。

3.4.1 认识窗口面板

在达芬奇"调色"步骤面板中，"限定器"面板的右侧是"窗口"面板，如图 3-72 所示，用户可以使用"四边形"工具、"圆形"工具、"多边形"工具、"曲线"工具以及"渐变"工具在素材图像画面中绘制蒙版遮罩，对蒙版遮罩区域进行局部调色。

图 3-72   "窗口"面板

在面板右侧有两个选项区，分别是"变换"选项区和"柔化"选项区。当用户绘制蒙版遮罩时，可以在这两个选项区中，对遮罩大小、宽高比、边缘柔化等参数进行微调，使需要调色的遮罩画面更加精准。

"窗口"面板中的各项功能按钮如下。

❶ 形状工具按钮 ▦▦▦▦▦▦ ：在"窗口"预设面板上方，有四边形、圆形、多边形、曲线以及渐变五个形状工具的按钮，单击任意一个形状工具的按钮，即可在下方的"窗口"预设面板中新增一条相应的形状窗口。

❷ "删除"按钮 ▬▬▬ ：在"窗口"预设面板中选择新增的形状窗口，单击"删除"按钮，即可将形状窗口删除。

❸ "窗口激活"按钮 ▣ ：单击"窗口激活"按钮后，按钮四周会出现一个橘红色的边框 ▣ ，激活窗口后，即可在预览窗口中的图像画面上绘制蒙版遮罩，再次单击"窗口激活"按钮，即可关闭形状窗口。

❹ "反向"按钮 ◉ ：单击该按钮，可以反向选中素材图像上蒙版遮罩选区外的画面区域。

❺ "遮罩"按钮 ▣ ：单击该按钮，可以将素材图像上的蒙版设置为遮罩，用于多个蒙版窗口进行布尔预算。

❻ "全部重置"按钮 ◉ ：单击该按钮，可以将图像上绘制的形状窗口全部清除重置。

3.4.2 调整遮罩蒙版的形状

【效果展示】应用"窗口"面板中的形状工具在图像画面上绘制选区，用户可以根据需要调整默认的蒙版尺寸大小、位置和形状。下面通过实例操作进行介绍，原图与效果对比如图 3-73 所示。

扫码看案例效果 扫码看教学视频

图 3-73　原图与效果对比展示

▶▶ 步骤 1　打开一个项目文件，进入达芬奇"剪辑"步骤面板，如图 3-74 所示。

▶▶ 步骤 2　在预览窗口中可以查看打开的项目效果，如图 3-75 所示，将视频分为两个部分，一部分是河岸，属于阴影区域，另一部分是天空，属于明亮区域，画面中天空的颜色比较淡，没有落日的光彩，需要将明亮区域的饱和度调浓些。

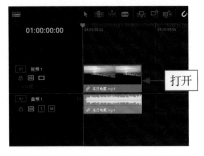 

图 3-74　打开一个项目文件　　　图 3-75　查看打开的项目效果

▶▶ 步骤 3　切换至"调色"步骤面板，单击"窗口"按钮⬡，切换至"窗口"面板，如图 3-76 所示。

▶▶ 步骤 4　在"窗口"面板中单击多边形"窗口激活"按钮，如图 3-77 所示。

图 3-76　单击"窗口"按钮　　　图 3-77　单击多边形"窗口激活"按钮

▶▶ 步骤5 在预览窗口的图像上会出现一个矩形蒙版，如图 3-78 所示。

▶▶ 步骤6 拖动蒙版四周的控制柄，调整蒙版的位置和形状大小，如图 3-79 所示。

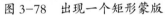

图 3-78 出现一个矩形蒙版　　　　　图 3-79 调整蒙版的位置和形状大小

▶▶ 步骤7 展开"色轮"面板，设置"饱和度"参数为 100.00，如图 3-80 所示。返回"剪辑"步骤面板，在预览窗口中查看蒙版遮罩调色效果。

图 3-80 设置"饱和度"参数

3.4.3 重置选定的形状窗口

【效果展示】在"窗口"面板右上角的角落处，有一个"全部重置"按钮 ◉，单击该按钮，可以将图像上绘制的形状窗口全部清除重置，非常适合用户绘制蒙版形状出错时进行批量清除操作。但是，当用户需要在多个形状窗口中单独重置其中一个形状窗口时，应该如何操作呢？下面通过实例介绍具体操作方法，效果如图 3-81 所示。

扫码看教学视频

▶▶ 步骤1 打开一个项目文件，进入达芬奇"剪辑"步骤面板，如图 3-82 所示。

▶▶ 步骤2 在预览窗口中可以查看打开的项目效果，如图 3-83 所示。

图 3-81　重置选定的形状窗口效果展示

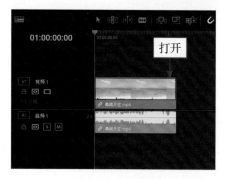

图 3-82　打开一个项目文件

图 3-83　查看打开的项目效果

▶▷ 步骤3　切换至"调色"步骤面板，在"窗口"预设面板中，已经激活了三个形状窗口，如图 3-84 所示。

图 3-84　"窗口"预设面板

▶▷ 步骤4　在预览窗口中，可以查看画面上绘制的三个蒙版形状，如图 3-85 所示。

▶▷ 步骤5　在"窗口"预设面板中选择曲线形状窗口，单击"窗口"面板右上角的"设置"按钮 ■■■，在弹出的列表框中选择"重置所选窗口"选项，如图 3-86 所示。

▶▷ 步骤6　即可重置曲线形状窗口，预览窗口中橙色旗子上的蒙版已被清除，效果如图 3-87 所示。

图 3-85　查看绘制的三个蒙版形状

图 3-86　选择"重置所选窗口"选项

图 3-87　清除蒙版效果

3.5　使用跟踪与稳定功能进行调色

在 DaVinci Resolve 18"调色"步骤面板中，有一个"跟踪器"功能面板，该功能比关键帧还实用，可以帮助用户锁定图像画面中的指定对象。本节主要介绍使用达芬奇的跟踪和稳定功能辅助二级调色的方法。

3.5.1　跟踪任务对象

【效果展示】在"跟踪器"面板中，"跟踪"模式可以用来锁定跟踪对象的多种运动变化，它为用户提供了"平移"跟踪类型、"竖移"跟踪类型、"缩放"跟踪类型、"旋转"跟踪类型以及 3D 跟踪类型等多项分析功能，跟踪对象的运动路径会显示在面板中的曲线图上，"跟踪器－窗口"面板如图 3-88 所示。

扫码看案例效果　扫码看教学视频

图 3-88 "跟踪器 - 窗口"面板

"跟踪器 - 窗口"面板的各项功能按钮如下。

❶ 跟踪操作按钮 ▌◄ ◄ ‖ ► ►▌ ：这组按钮与导览面板上的播放按钮虽然相似，但作用却不同，从左到右分别是"向后跟踪一帧"▌◄、"反向跟踪"◄、"停止跟踪"‖、"正向跟踪"►以及"向前跟踪一帧"►▌，主要用于跟踪指定对象的运动画面。

❷ 跟踪类型 ✓ 平移 ✓ 竖移 ✓ 缩放 ✓ 旋转 ✓ 3D ：在"跟踪器"面板中，共有五个跟踪类型，分别是平移、竖移、缩放、旋转以及 3D，选中相应类型前面的复选框，即可开始跟踪指定对象，待跟踪完成后，会显示相应类型的曲线，根据这些曲线评估每个跟踪参数。

❸ "片段"按钮 片段 ：跟踪器默认状态为"片段"模式，方便对窗口蒙版进行整体移动。

❹ "帧"按钮 帧 ：单击该按钮，切换为"帧"模式，对窗口的位置和控制点进行关键帧制作。

❺ "添加跟踪点"按钮 ：单击该按钮，可以在素材图像的指定位置或指定对象上添加一个或多个跟踪点。

❻ "删除跟踪点"按钮 ：单击该按钮，可以删除图像上添加的跟踪点。

❼ 跟踪模式下拉按钮 点跟踪 ∨ ：单击该按钮，在弹出的下拉菜单中有两个选项，一个是"点跟踪"，另一个是"云跟踪"。"点跟踪"模式可以在图像上创建一个或多个十字架跟踪点，并且可以手动定位图像上比较特别的跟踪点；"云跟踪"模式可以自动跟踪图像上全部的跟踪点。

❽ 缩放滑块 ：在曲线图边缘，有两个缩放滑块，拖动纵向的滑块可以缩放曲线之间的间隙，拖动横向的滑块可以拉长或缩短曲线。

❾ "窗口"按钮 ：单击该下拉按钮，系统默认为"窗口"模式面板。

❿ "全部重置"按钮 ：单击该按钮，将重置在"跟踪器"面板中的所有操作。

⓫ 设置按钮 ∙∙∙：单击该按钮，将弹出"跟踪器"面板的隐藏设置菜单。

下面通过实例介绍"窗口"模式跟踪器的使用方法，效果如图 3-89 所示。

图 3-89　跟踪任务对象效果展示

▶▶ 步骤 1　打开一个项目文件，进入达芬奇"剪辑"步骤面板，如图 3-90 所示。

▶▶ 步骤 2　在预览窗口中可以查看打开的项目效果，需要对图像中的花朵进行调色，如图 3-91 所示。

图 3-90　打开一个项目文件

图 3-91　查看打开的项目效果

▶▶ 步骤 3　切换至"调色"步骤面板，在"窗口"面板中单击曲线"激活"按钮 🖊，如图 3-92 所示。

图 3-92　单击曲线"激活"按钮

▶▶ 步骤 4　在预览窗口中的花朵上沿边缘绘制一个蒙版遮罩，如图 3-93 所示。

图 3-93　绘制一个蒙版遮罩

▶▶步骤5　切换至"色轮"面板，设置"饱和度"参数为 80.00，如图 3-94 所示。

图 3-94　设置"饱和度"参数

▶▶步骤6　在"检视器"面板中单击"播放"按钮，播放视频，在预览窗口中可以看到，当画面中花的位置发生变化时，绘制的蒙版依旧停在原处，蒙版位置没有发生任何变化，此时花与蒙版分离，调整的饱和度只用于蒙版选区，分离后的花饱和度恢复原样，如图 3-95 所示。

图 3-95　花与蒙版分离

▶▶步骤7　单击"跟踪器"按钮，展开"跟踪器"面板，如图 3-96 所示。

图 3-96 单击"跟踪器"按钮

专家指点：在图像上创建蒙版选区后，切换至"跟踪器"面板，系统自动切换添加跟踪点模式为"云跟踪"模式，该模式添加跟踪点的相关按钮如下：

❶ "交互模式"复选框█████交互模式：勾选该复选框，即可开启自动跟踪交互模式。

❷ "插入"按钮██：单击该按钮，可以在素材图像的指定位置或指定对象上，根据画面特征添加跟踪点。

❸ "设置跟踪点"按钮██：单击该按钮，可以自动在图像选区画面添加跟踪点。

▶▶ 步骤8 在下方勾选"交互模式"复选框，单击"插入"按钮██，如图 3-97 所示。

图 3-97 单击"插入"按钮

▶▶ 步骤9 在上方面板中单击"正向跟踪"按钮▶，如图 3-98 所示。

图 3-98 单击"正向跟踪"按钮

▶▶步骤 10 查看跟踪对象曲线图的变化数据，如图 3-99 所示，其中平移曲线的数据变化最明显。

图 3-99　查看曲线图的变化数据

专家指点：跟踪器主要用来辅助蒙版遮罩或抠像调色，用户在应用跟踪器前，需要先在图像上创建选区，否则无法正常使用跟踪器。

▶▶步骤 11 在"检视器"面板中单击"播放"按钮，播放视频，查看添加跟踪器后的蒙版效果，如图 3-100 所示。切换至"剪辑"步骤面板，查看最终的制作效果。

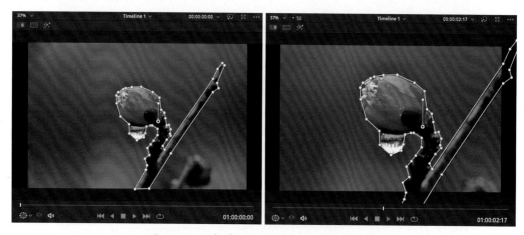

图 3-100　查看添加跟踪器后的蒙版效果

3.5.2　稳定视频画面

【效果展示】当摄影师手抖或扛着摄影机走动时，拍出来的视频会出现画面抖动的情况，用户需要通过一些视频剪辑软件进行稳定处理，DaVinci Resolve 18 虽然是个调色软件，但也具有稳定器功能，可以稳定抖动的视频画面，帮助用户制作出效果更好的作品。效果如图 3-101 所示。

扫码看案例效果　扫码看教学视频

图 3-101　稳定视频画面效果展示

▶▶ 步骤1　打开一个项目文件，进入达芬奇"剪辑"步骤面板，如图3-102所示。

▶▶ 步骤2　在预览窗口中可以查看打开的项目效果，可以看到图像画面有轻微的晃动，需要对图像进行稳定处理，如图3-103所示。

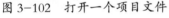

图 3-102　打开一个项目文件

图 3-103　查看打开的项目效果

▶▶ 步骤3　切换至"调色"步骤面板，在"跟踪器"面板的右上角单击"稳定器"按钮 ⬛，即可切换至"稳定器"模式面板，如图3-104所示。

图 3-104　单击"稳定器"按钮

▶▶ 步骤4　用户可以在面板下方微调Crop、平滑以及强度等设置参数，单击"稳定"按钮，如图3-105所示。

▶▶ 步骤5　即可通过稳定器稳定抖动画面，曲线图变化参数如图3-106所示，在预览窗口中，单击"播放"按钮，即可查看稳定效果。

图 3-105　单击"稳定"按钮

图 3-106　曲线图变化参数

3.6　使用 Alpha 通道控制调色区域

一般来说，图片或视频都带有表示颜色信息的 RGB 通道和表示透明信息的 Alpha 通道。Alpha 通道由黑白图表示图片或视频的图像画面，其中白色代表图像中完全不透明的画面区域，黑色代表图像中完全透明的画面区域，灰色代表图像中半透明的画面区域。本节介绍使用 Alpha 通道控制调色区域的方法和技巧。

3.6.1　认识"键"面板

在 DaVinci Resolve 18 中，"键"是指 Alpha 通道，用户可以在节点上绘制遮罩窗口或抠像选区来制作"键"，通过调整节点控制素材图像调色的区域。图 3-107 为达芬奇"键"面板。

"键"面板的各项功能按钮如下：

❶ 键类型：选择不同的节点类型，键类型会随之转变。

❷ "全部重置"按钮⟳：单击该按钮，将重置在"键"面板中的所有操作。

❸ "蒙版／遮罩"按钮⬭：单击该按钮，可以将反向键输入的抠像。

❹ "键"按钮⬚：单击该按钮，可以将键转换为遮罩。

图 3-107　"键"面板

⑤ 增益：在后面的文本框中将参数提高，可以使键输入的白点更白，降低文本框内的参数则相反，增益值不影响键的纯黑色。

⑥ 模糊半径：设置该参数，可以调整键输入的模糊度。

⑦ 偏移：设置该参数，可以调整键输入的整体亮度。

⑧ 模糊水平 / 垂直：设置该参数，可以在键输入上横向控制模糊的比例。

⑨ 键图示：直观显示键的图像，方便用户查看。

3.6.2　使用 Alpha 通道

【效果展示】在 DaVinci Resolve 18 中，当用户在"节点"面板中选择一个节点后，可通过设置"键"面板上的参数来控制节点输入或输出的 Alpha 通道数据。下面介绍使用 Alpha 通道制作暗角效果的操作，原图与效果对比如图 3-108 所示。

扫码看案例效果　扫码看教学视频

图 3-108　原图与效果对比展示

▶▶ **步骤 1**　打开一个项目文件，在预览窗口中可以查看打开的项目效果，如图 3-109 所示。

▶▶ **步骤 2**　切换至"调色"步骤面板，展开"窗口"面板，在"窗口"预设面板中，单击圆形"窗口激活"按钮，如图 3-110 所示。

图 3-109　查看项目效果

图 3-110　单击圆形"窗口激活"按钮

▶▶ 步骤 3　在预览窗口中，拖动圆形蒙版蓝色方框上的控制柄，调整蒙版大小和位置，如图 3-111 所示。

▶▶ 步骤 4　拖动蒙版白色圆框上的控制柄，调整蒙版羽化区域，如图 3-112 所示。

图 3-111　调整蒙版大小和位置

图 3-112　调整蒙版羽化区域

▶▶ 步骤 5　窗口蒙版绘制完成后，在"节点"面板中选择编号为 01 的校正器节点，如图 3-113 所示。

▶▶ 步骤 6　将 01 节点上的"键输入"▶与"源"■相连，如图 3-114 所示。

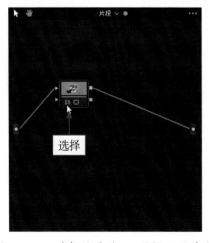

图 3-113　选择编号为 01 的校正器节点

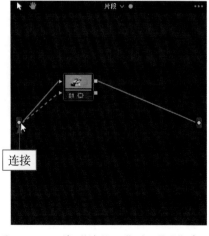

图 3-114　将"键输入"与"源"相连

▶▶ 步骤 7　在空白位置处右击，在弹出的快捷菜单中选择"添加 Alpha 输出"命令，如图 3-115 所示。

▶▶ 步骤 8　即可在面板中添加一个"Alpha 最终输出"图标█，如图 3-116 所示。

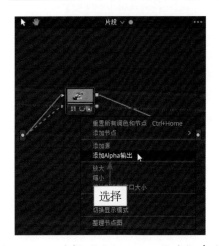

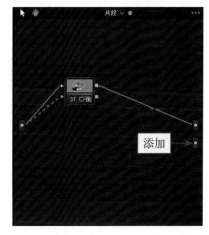

图 3-115　选择"添加 Alpha 输出"命令　　　图 3-116　添加一个"Alpha 最终输出"图标

▶▶ 步骤 9　将 01 节点上的"键输出"█与"Alpha 最终输出"█相连，如图 3-117 所示。

▶▶ 步骤 10　在预览窗口中可以查看应用 Alpha 通道的初步效果，如图 3-118 所示。

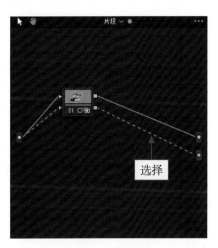

图 3-117　将"键输出"与"Alpha　　　　　图 3-118　查看应用 Alpha 通道的
　　　最终输出"相连　　　　　　　　　　　　　初步效果

▶▶ 步骤 11　切换至"键"面板，在"键输入"下方设置"增益"参数为 0.900，在"键输出"下方设置"偏移"参数为 0.039，如图 3-119 所示，切换至"剪辑"步骤面板，在预览窗口中查看最终的画面效果。

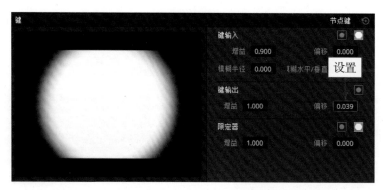

图 3-119　设置相应参数

3.7　使用"模糊"功能虚化视频画面

在 DaVinci Resolve 18"调色"步骤面板中，"模糊"面板有三种不同的操作模式，分别是"模糊""锐化"以及"雾化"，每种模式都有独立的操作面板，用户可以配合限定器、窗口、跟踪器等功能对图像画面进行二级调色。

3.7.1　对视频局部进行模糊处理

【效果展示】在"模糊"功能面板中，"模糊"操作模式面板是该功能的默认面板，通过调整面板中的通道滑块，为图像制作出高斯模糊效果。

扫码看案例效果　扫码看教学视频

将"半径"通道的滑块往上调整，可以增加图像的模糊度，往下调整则可以降低模糊增加锐化。将"水平 / 垂直比率"通道的滑块往上调整，被模糊或锐化后的图像会沿水平方向扩大影响范围，将"水平 / 垂直比率"通道的滑块往下调整，被模糊或锐化后的图像则会沿垂直方向扩大影响范围。下面通过实例操作介绍对视频局部进行模糊处理的操作方法，原图与效果对比如图 3-120 所示。

图 3-120　原图与效果对比展示

▶▶ 步骤 1　打开一个项目文件，进入达芬奇"剪辑"步骤面板，如图 3-121 所示。

▶▶ 步骤 2 在预览窗口中可以查看打开的项目效果，需要对盘中的扇贝进行模糊处理，突出用手拿着的扇贝，如图 3-122 所示。

图 3-121　打开一个项目文件

图 3-122　查看打开的项目效果

▶▶ 步骤 3 切换至"调色"步骤面板，在"窗口"预设面板中，单击圆形"窗口激活"按钮 ，如图 3-123 所示。

图 3-123　单击圆形"窗口激活"按钮

▶▶ 步骤 4 在预览窗口中创建一个圆形蒙版遮罩，选取拿起来的扇贝，如图 3-124 所示。

图 3-124　创建一个圆形蒙版遮罩

▶▶ 步骤5 在"窗口"预设面板中单击"反向"按钮◉，反向选取盘子中的扇贝，如图 3-125 所示。

▶▶ 步骤6 在"柔化"选项区中设置"柔化 1"参数为 7.45，柔化选区图像边缘，如图 3-126 所示。

图 3-125 单击"反向"按钮

图 3-126 设置"柔化 1"参数

▶▶ 步骤7 切换至"跟踪器"面板，在下方勾选"交互模式"复选框，单击"插入"按钮▦，插入特征跟踪点，单击"正向跟踪"按钮▶，跟踪图像运动路径，如图 3-127 所示。

图 3-127 单击"正向跟踪"按钮

▶▶ 步骤8 单击"模糊"按钮◨，切换至"模糊"面板，如图 3-128 所示。

▶▶ 步骤9 向上拖动"半径"通道控制条上的滑块，直至参数均显示为 0.65，如图 3-129 所示。即可完成对视频局部进行模糊处理的操作，切换至"剪辑"步骤面板，在预览窗口中查看制作效果。

图 3-128 单击"模糊"按钮

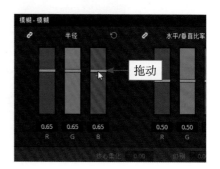

图 3-129 拖动控制条上的滑块

3.7.2　对视频局部进行锐化处理

【效果展示】虽然在"模糊"操作模式面板中,降低"半径"通道的 RGB 参数可以提高图像的锐化度,但"锐化"操作模式面板是专门用来调整图像锐化操作的功能,如图 3-130 所示。

扫码看案例效果　扫码看教学视频

图 3-130　"锐化"操作模式面板

相较于"模糊"操作面板而言,"锐化"模式面板中除了"混合"参数无法调控设置外,"缩放比例""核心柔化"以及"级别"均可进行调控设置。这三个控件作用如下:

•缩放比例:"缩放比例"通道的作用取决于"半径"通道的参数设置,当"半径"通道 RGB 参数值在 0.5 或以上时,"缩放比例"通道不会起作用;当"半径"通道 RGB 参数值在 0.5 以下时,向上拖动"缩放比例"通道滑块,可以增加图像画面锐化的量,向下拖动"缩放比例"通道滑块,可以减少图像画面锐化的量。

•核心柔化和级别:"核心柔化"和"级别"是配合使用的,两者是相互影响的关系。"核心柔化"主要作用于调节图像中没有锐化的细节区域,当"级别"参数值为 0 时,"核心柔化"能锐化的细节区域不会发生太大的变化;当"级别"参数值越高(最大值为 100.0),"核心柔化"能锐化的细节区域影响越大。

下面通过实例操作介绍对视频局部进行锐化处理的操作方法,原图与效果对比如图 3-131 所示。

图 3-131　原图与效果对比展示

▶▶ 步骤 1　打开一个项目文件,进入达芬奇"剪辑"步骤面板,如图 3-132 所示。

▶▶ 步骤 2 在预览窗口中可以查看打开的项目效果，需要对画面中的香菜叶进行锐化处理，如图 3-133 所示。

图 3-132 打开一个项目文件

图 3-133 查看打开的项目效果

▶▶ 步骤 3 切换至"调色"步骤面板，单击"限定器"按钮 🖊，切换至"限定器"面板，如图 3-134 所示。

▶▶ 步骤 4 在预览窗口中选取香菜叶并突出显示，如图 3-135 所示。

图 3-134 切换至"限定器"面板

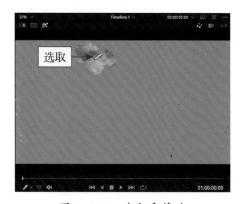

图 3-135 选取香菜叶

▶▶ 步骤 5 切换至"模糊"面板，单击"锐化"按钮 △，如图 3-136 所示。

▶▶ 步骤 6 切换至"模糊 – 锐化"面板，向上拖动"半径"通道控制条上的滑块，直至参数均显示为 1.04，如图 3-137 所示。即可完成对视频局部进行锐化处理的操作，切换至"剪辑"步骤面板，在预览窗口中查看制作效果。

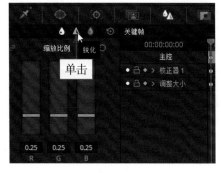

图 3-136 单击"锐化"按钮

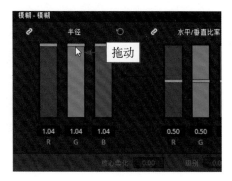

图 3-137 拖动控制条上的滑块

3.7.3 对视频局部进行雾化处理

【效果展示】"半径"通道默认的 RGB 参数值为 0.50，往上拖动滑块可以制作模糊效果，往下拖动滑块可以制作锐化效果。在"雾化"操作模式面板中，当向下拖动"半径"通道滑块使参数值变小时，降低"混合"参数值，即可制作出画面雾化的效果。下面通过实例操作介绍对视频局部进行雾化处理的操作方法，原图与效果对比如图 3-138 所示。

扫码看案例效果　扫码看教学视频

图 3-138　设置视频比例效果展示

▶▶ 步骤 1　打开一个项目文件，进入达芬奇"剪辑"步骤面板，如图 3-139 所示。

▶▶ 步骤 2　在预览窗口中可以查看打开的项目效果，需要对图像画面制作出雾化朦胧的效果，如图 3-140 所示。

图 3-139　打开一个项目文件　　　　图 3-140　查看打开的项目效果

▶▶ 步骤 3　切换至"调色"步骤面板，单击"模糊"按钮■，展开"模糊"面板，单击"雾化"按钮■，如图 3-141 所示。

▶▶ 步骤 4　展开"模糊 - 雾化"面板，在"混合"文本框中输入参数为 0.00，如图 3-142 所示。

▶▶ 步骤 5　单击"半径"通道左上角的"链接"按钮■，断开控制条的链接，如图 3-143 所示。

▶▶ 步骤 6　向下拖动"半径"通道控制条上的滑块，直至参数分别显示为 0.00、0.50、

第 3 章

二级调色：对局部细节进行校正

99

0.00，如图 3-144 所示。即可完成对视频局部进行雾化处理的操作，切换至"剪辑"步骤面板，在预览窗口中查看制作效果。

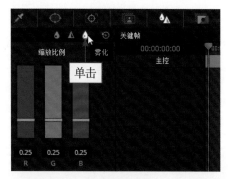

图 3-141　单击"雾化"按钮

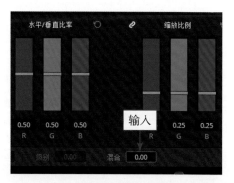

图 3-142　输入参数

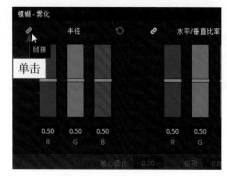

图 3-143　单击链接按钮

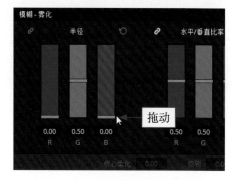

图 3-144　拖动控制条上的滑块

第 **4** 章

节点调色：通过
节点来调整画面

　　节点是达芬奇调色软件非常重要的功能之一，它
可以帮助用户更好地对图像画面进行调色处理，灵活
地使用达芬奇调色节点，可以实现各种精彩的视频效
果，提高用户的出片效率。本章主要介绍节点的基础
知识，并通过节点制作抖音热门调色视频等内容。

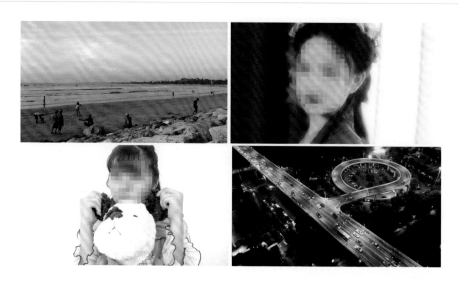

4.1 节点的基础知识

在 DaVinci Resolve 18 中，用户可以将节点理解成处理图像画面的"层"（如 Photoshop 软件中的图层），一层一层画面叠加组合形成特殊的图像效果。每一个节点都可以独立进行调色校正处理，用户可通过更改节点连接调整节点调色顺序或组合方式。本节介绍达芬奇调色节点的基础知识。

4.1.1 打开"节点"面板

【效果展示】在 DaVinci Resolve 18 中，"节点"面板位于"调色"步骤面板的右上角，效果如图 4-1 所示。

扫码看教学视频

▶▶ 步骤1　打开一个项目文件，进入达芬奇"剪辑"步骤面板，如图 4-2 所示。

▶▶ 步骤2　在预览窗口中，可以查看打开的项目效果，如图 4-3 所示。

▶▶ 步骤3　切换至"调色"步骤面板，在右上角单击"节点"按钮 ，如图 4-4 所示。

▶▶ 步骤4　即可打开"节点"面板，如图 4-5 所示。再次单击"节点"按钮，即可隐藏面板。

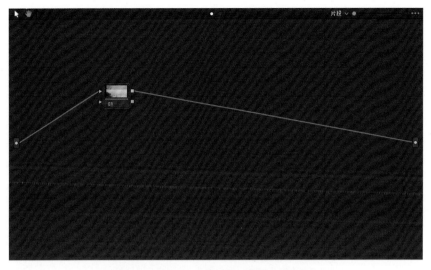

图 4-1 打开"节点"面板效果展示

图 4-2 打开一个项目文件

图 4-3 查看打开的项目效果

图 4-4 单击"节点"按钮

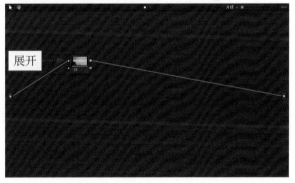

图 4-5 展开"节点"面板

4.1.2 认识"节点"面板各功能

在达芬奇"节点"面板中，通过编辑节点可以实现合成图像，对一些合成经验少的读者而言，会觉得达芬奇的节点功能很复杂，下面通过一个节点网介绍"节点"面板中的各个功能，如图 4-6 所示。

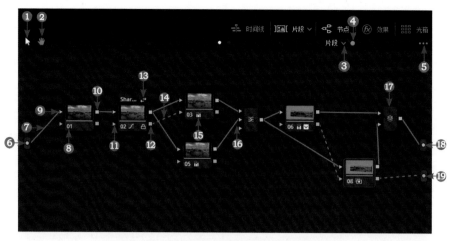

图 4-6 "节点"面板中的节点网示例

"节点"面板的各项功能按钮如下。

❶ "选择"工具：在"节点"面板中，默认状态下光标呈箭头形状，表示为"选择"工具，应用"选择"工具可以选择面板中的节点，并通过拖动的方式在面板中移动所选节点的位置。

❷ "平移"工具：选取"平移"工具，即可使面板中的光标呈手掌形状，按住鼠标左键后，光标呈抓手形状，此时上下左右拖动面板，即可对面板中所有的节点执行上下左右平移操作。

❸ 节点模式下拉菜单按钮：单击该按钮，弹出下拉列表框，其中有两种节点模式，分别是"片段"和"时间线"，默认状态下为"片段"节点模式。在"片段"模式面板中调节当前素材片段的调色节点，而在"时间线"模式面板中调节"时间线"面板中所有素材片段的调色节点。

❹ 缩放滑块：通过左右拖动滑块调节面板中节点显示的大小。

❺ 快捷设置按钮：单击该按钮，在弹出的下拉列表框中，选择相应的选项设置"节点"面板。

❻ "源"图标：在"节点"面板中，"源"图标是一个绿色的标记，表示素材片段的源头，从"源"向节点传递素材片段的 RGB 信息。

❼ RGB 信息连接线：RGB 信息连接线以实线显示，是两个节点间接收信息的枢纽，可以将上一个节点的 RGB 信息传递给下一个节点。

❽ 节点编号：在"节点"面板中，每一个节点都有一个编号，主要根据节点添加的先后顺序来编号，但节点编号不一定是固定的。例如，当用户删除 02 节点后，03 节点的编号可能会更改为 02。

❾ "RGB 输入"图标：在"节点"面板中，每个节点左侧都有一个绿色的三角形图标，该图标即是"RGB 输入"图标，表示素材 RGB 信息的输入。

⑩ "RGB 输出"图标■：在"节点"面板中，每个节点右侧都有一个绿色的方块图标，该图标即是"RGB 输出"图标，表示素材 RGB 信息的输出。

⑪ "键输入"图标▶：在"节点"面板中，每个节点左侧都有一个蓝色的三角形图标，该图标即是"键输入"图标，表示素材 Alpha 信息的输入。

⑫ "键输出"图标■：在"节点"面板中，每个节点右侧都有一个蓝色的方块图标，该图标即是"键输出"图标，表示素材 Alpha 信息的输出。

⑬ 共享节点：在节点上右击，在弹出的快捷菜单中选择"另存为共享节点"命令，即可将选择的节点设置为共享节点，在共享节点上方会有一个共享节点标签 Shar...，并且节点图标上会出现一个锁定图标■，该节点的调色信息即可共享给其他片段，当用户调整共享节点的调色信息时，其他被共享的片段也会随之改变。

⑭ Alpha 信息连接线：Alpha 信息连接线以虚线显示，连接"键输入"图标与"键输出"图标，在两个节点中传递 Alpha 通道信息。

⑮ 调色提示图标■：当用户在选择的节点上进行调色处理后，在节点编号右侧会出现相应的调色提示图标。

⑯ "图层混合器"节点：在达芬奇"节点"面板中，不支持多个节点同时连接一个 RGB 输入图标，因此当用户需要进行多个节点叠加调色时，需要添加并行混合器或图层混合器节点进行重组输出。"图层混合器"节点在叠加调色时，会按上下顺序优先选择连接最低输入图标的那个节点进行信息分配。

⑰ "并行混合器"节点：当用户在现有的校正器节点上添加并行节点时，添加的并行节点会出现在现有节点的下方，"并行混合器"节点会显示在校正器节点和并行节点的输出位置。"并行混合器"节点和"图层混合器"节点相同，支持多个输入连接图标和一个输出连接图标，但其作用与"图层混合器"节点不同，"并行混合器"节点主要是将并列的多个节点的调色信息汇总后输出。

⑱ "RGB 最终输出"图标■：在"节点"面板中，"RGB 最终输出"图标是一个绿色的标记，当用户完成调色后，需要通过连接该图标才能将片段的 RGB 信息进行最终输出。

⑲ "Alpha 最终输出"图标■：在"节点"面板中，"Alpha 最终输出"图标是一个蓝色的标记，当用户完成调色后，需要连接该图标才能将片段的 Alpha 通道信息进行最终输出。

4.2　添加视频调色节点

"节点"面板中有多种节点类型，包括"校正器"节点、"并行混合器"节点、"图层混合器"节点、"键混合器"节点、"分离器"节点以及"结合器"节点等，默认状态下，展开"节点"面板，面板上显示的节点为"校正器"节点。本节介绍在达芬奇中添加调色节点的操作方法。

4.2.1 视频背景中的杂色

【效果展示】在达芬奇中，串行节点调色是最简单的节点组合，上一个节点的 RGB 调色信息，会通过 RGB 信息连接线传递输出，作用于下一个节点上，基本上可以满足用户的调色需求，原图与效果对比如图 4-7 所示。

扫码看案例效果　扫码看教学视频

图 4-7　原图与效果对比展示

▶▶ 步骤1　打开一个项目文件，进入达芬奇"剪辑"步骤面板，如图 4-8 所示。

▶▶ 步骤2　在预览窗口中，可以查看打开的项目效果，如图 4-9 所示。

图 4-8　打开一个项目文件　　　　　图 4-9　查看打开的项目效果

▶▶ 步骤3　切换至"调色"步骤面板，在"节点"面板中，选择编号为 01 的节点，可以看到 01 节点上没有任何的调色图标，表示当前素材并未有过调色处理，如图 4-10 所示。

▶▶ 步骤4　在左上角单击 LUT 按钮 █LUT，展开 LUT 面板，在下方的选项面板中，展开 Blackmagic Design 选项卡，选择第 14 个模型样式，如图 4-11 所示。

▶▶ 步骤5　按住鼠标左键并拖动至预览窗口的图像画面上，释放鼠标左键，即可将选择的模型样式添加至视频素材上，色彩校正效果如图 4-12 所示。

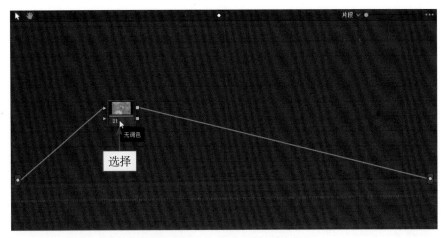

图 4-10   选择编号为 01 的节点

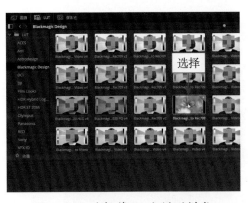

图 4-11   选择第 14 个模型样式

图 4-12   色彩校正效果

步骤6 在"节点"面板编号 01 的节点上右击，在弹出的快捷菜单中选择"添加节点"|"添加串行节点"命令，如图 4-13 所示。

▶▷ **步骤6** 在"节点"面板编号 01 的节点上右击，在弹出的快捷菜单中选择"添加节点"|"添加串行节点"命令，如图 4-13 所示。

▶▷ **步骤7** 即可添加一个编号为 02 的串行节点，如图 4-14 所示。

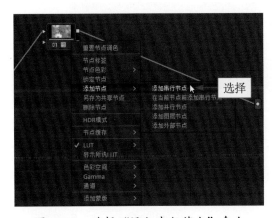

图 4-13   选择"添加串行节点"命令

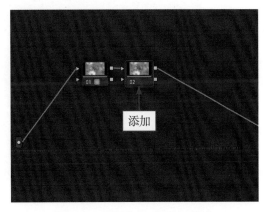

图 4-14   添加一个串行节点

▶▷ **步骤8** 切换至"曲线 - 色相 对 饱和度"面板，在面板下方单击黄色矢量色块，如图 4-15 所示。

第 4 章

节点调色：通过节点来调整画面

107

图 4-15　单击黄色矢量色块

▶▶ 步骤⑨　即可在曲线上添加三个调色节点，选中第二个调色节点，如图 4-16 所示。

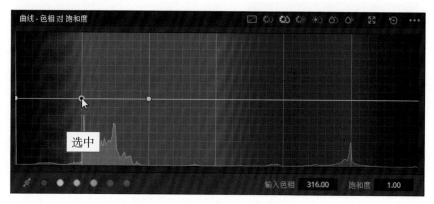

图 4-16　选中第二个调色节点

▶▶ 步骤⑩　按住鼠标左键的同时垂直向上拖动或在"饱和度"文本框中输入参数为 1.98，如图 4-17 所示。在预览窗口中查看去除杂色后的画面效果。

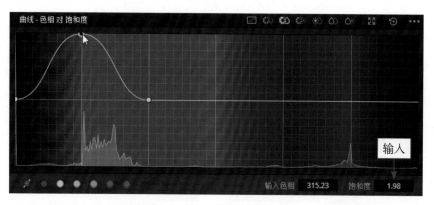

图 4-17　输入"饱和度"参数

4.2.2　抖音视频叠加混合调色

【效果展示】在达芬奇中，并行节点的作用是把并行

扫码看案例效果　扫码看教学视频

结构的节点之间的调色结果进行叠加混合，原图与效果对比如图 4-18 所示。

图 4-18　原图与效果对比展示

▶▶ 步骤 1　打开一个项目文件，进入达芬奇"剪辑"步骤面板，如图 4-19 所示。

▶▶ 步骤 2　在预览窗口中可以查看打开的项目效果，如图 4-20 所示。显示的图像画面饱和度有些欠缺，需要提高画面饱和度，素材图像画面可分为海岸和天空海水两个区域进行调色。

图 4-19　打开一个项目文件　　　　　　图 4-20　查看打开的项目效果

▶▶ 步骤 3　切换至"调色"步骤面板，在"节点"面板中选择编号为 01 的节点，如图 4-21 所示。

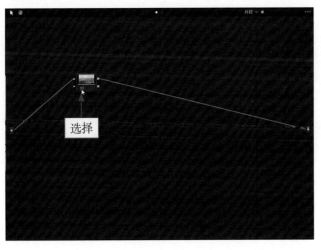

图 4-21　选择编号为 01 的节点

▶▷ 步骤4 在"检视器"面板中，单击"突出显示"按钮 ⬛，方便查看后续调色效果，如图 4-22 所示。

▶▷ 步骤5 切换至"限定器"面板，应用"拾取器"工具 🖊 在预览窗口的图像上选取天空区域画面，未被选取的海岸区域则以灰色画面显示在预览窗口中，如图 4-23 所示。

图 4-22　单击"突出显示"按钮

图 4-23　选取天空区域画面

▶▷ 步骤6 在"节点"面板中可以查看选取区域画面后 01 节点缩略图显示的画面效果，如图 4-24 所示。

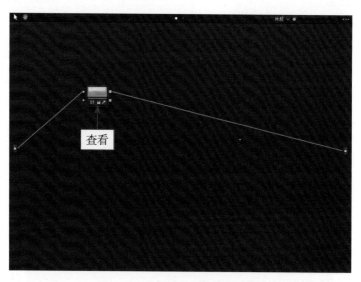

图 4-24　查看 01 节点缩略图

▶▷ 步骤7 切换至"色轮"面板，设置"饱和度"参数为 90.00，如图 4-25 所示。

▶▷ 步骤8 在"检视器"面板中单击"突出显示"按钮，在预览窗口中查看画面效果，如图 4-26 所示。

图 4-25　设置"饱和度"参数

图 4-26　查看画面效果

▶▶步骤9　再次单击"突出显示"按钮，在"节点"面板中选中 01 节点，右击，在弹出的快捷菜单中选择"添加节点"|"添加并行节点"命令，如图 4-27 所示。

▶▶步骤10　即可在 01 节点的下方添加一个编号为 02 的并行节点，如图 4-28 所示。并行节点输入连接"源"图标，01 节点调色后的效果并未输出到 02 节点上，而是输出到"并行混合器"节点上，因此 02 节点显示的图像信息还是原素材图像信息。

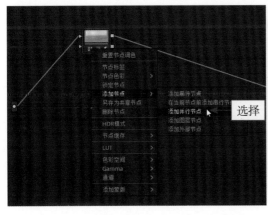

图 4-27　选择"添加并行节点"命令

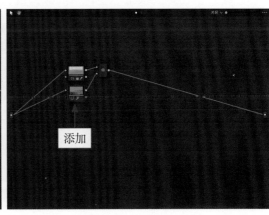

图 4-28　添加节点

▶▶步骤 11 切换至"限定器-HSL"面板，单击"拾取器"按钮🖋，如图 4-29 所示。

▶▶步骤 12 在预览窗口的图像上再次选取天空区域画面，返回"限定器-HSL"面板，单击"反向"按钮🔀，如图 4-30 所示。

图 4-29 单击"拾取器"按钮

图 4-30 单击"反向"按钮

▶▶步骤 13 在预览窗口中可以查看选取的海岸区域画面，如图 4-31 所示。

图 4-31 查看选取的海岸区域画面

▶▶步骤 14 切换至"色轮"面板，设置"饱和度"参数为 80.00，如图 4-32 所示。

图 4-32 设置"饱和度"参数

▶▶ 步骤 15 在预览窗口中可以查看选取的海岸区域画面饱和度提高后的画面效果，如图4-33所示。最终的调色效果通过"节点"面板中的"并行混合器"节点将01和02两个节点的调色信息综合输出，切换至"剪辑"步骤面板，即可在预览窗口查看最终的画面效果。

图 4-33 查看提高饱和度后的画面效果

专家指点：在"节点"面板中选择"并行混合器"节点，右击，在弹出的快捷菜单中选择"变换为图层混合器节点"命令，如图4-34所示，即可将"并行混合器"节点更换为"图层混合器"节点。

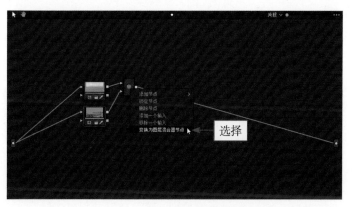

图 4-34 选择"变换为图层混合器节点"命令

4.2.3 抖音视频脸部柔光调整

【效果展示】在达芬奇中，图层节点的架构与并行节点相似，但并行节点会将架构中每一个节点的调色结果叠加混合输出，而图层节点的架构中，最后一个节点会覆盖上一个节点的调色结果，原图与效果对比如图4-35所示。

扫码看案例效果　扫码看教学视频

113

图 4-35　原图与效果对比展示

▶▶ 步骤 1　打开一个项目文件，进入达芬奇"剪辑"步骤面板，如图 4-36 所示。

▶▶ 步骤 2　在预览窗口中可以查看打开的项目效果，如图 4-37 所示，需要为画面中的人物脸部添加柔光效果。

图 4-36　打开一个项目文件　　　　　　　　图 4-37　查看项目文件效果

▶▶ 步骤 3　切换至"调色"步骤面板，在"节点"面板中选择编号为 01 的节点，如图 4-38 所示，在鼠标右下角弹出"无调色"提示框，表示当前素材并未有过调色处理。

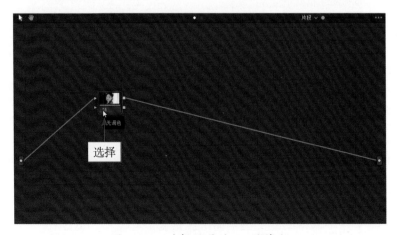

图 4-38　选择编号为 01 的节点

▶▶ 步骤 4　展开"曲线 - 自定义"面板，在曲线编辑器的左上角，按住鼠标左键的同时向下拖动滑块至合适位置，如图 4-39 所示。

▶▶ 步骤 5　即可降低画面明暗反差，效果如图 4-40 所示。

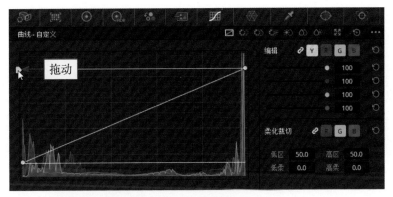

图 4-39　向下拖动滑块至合适位置

图 4-40　降低画面明暗反差

▶▶ 步骤6　在"节点"面板中的 01 节点上右击，在弹出的快捷菜单中选择"添加节点"|"添加图层节点"命令，如图 4-41 所示。

▶▶ 步骤7　即可在"节点"面板中添加一个"图层混合器"和一个编号为 02 的图层节点，如图 4-42 所示。

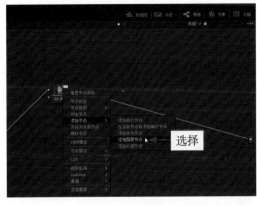

图 4-41　选择"添加图层节点"命令

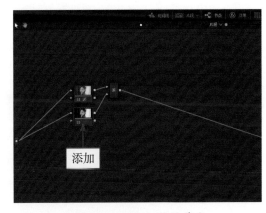

图 4-42　添加图层节点

▶▶ 步骤8　在"节点"面板中的"图层混合器"上右击，在弹出的快捷菜单中选择"合成模式"|"强光"命令，如图 4-43 所示。

▶▶ 步骤9　即可在预览窗口中查看强光效果，如图 4-44 所示。

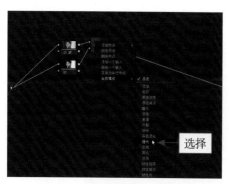

图 4-43　选择"强光"命令

图 4-44　查看强光效果

▶▷步骤 10　在"节点"面板中选择 02 节点，如图 4-45 所示。

▶▷步骤 11　展开"曲线 - 自定义"面板，在曲线上添加两个控制点并调整至合适位置，如图 4-46 所示。

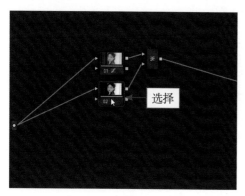

图 4-45　选择 02 节点

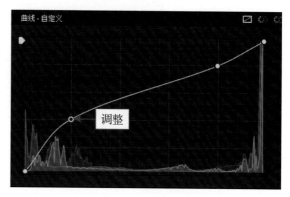

图 4-46　调整控制点

> 专家指点：在"自定义"曲线面板的编辑器中，曲线的斜对角上有两个默认的控制点，除了可以调整在曲线上添加的控制点外，斜对角上的两个控制点也可以移动位置调整画面明暗亮度。

▶▷步骤 12　即可对画面明暗反差进行修正，使亮部与暗部的画面更柔和，效果如图 4-47 所示。

图 4-47　对画面明暗反差进行修正

▶▷步骤 13　展开"模糊"面板，向上拖动"半径"通道上的滑块，直至参数均显示为 1.50，即可增加模糊使画面出现柔光效果，如图 4-48 所示。

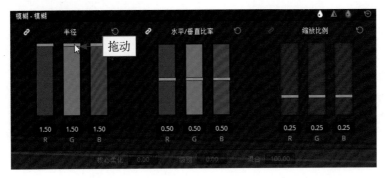

图 4-48　拖动"半径"通道上的滑块

4.2.4　Alpha 通道信息输出调色

【效果展示】在 DaVinci Resolve 18 中，每个调色节
点上都有一个"键输入"或"键输出"图标，即表示每个
调色节点上都包含 Alpha 通道信息。在"节点"面板中，"键混合器"节点可以将不同
节点上的 Alpha 通道信息相加或相减，通过校色操作输出最终效果，原图与效果对比如
图 4-49 所示。

扫码看案例效果　扫码看教学视频

图 4-49　原图与效果对比展示

▶▶ 步骤 1　打开一个项目文件，进入达芬奇"剪辑"步骤面板，如图 4-50 所示，
需要修改图像画面中衣服的颜色，可通过选取衣服颜色，运用"键混合器"节点调整色相，
输出调色的效果。

▶▶ 步骤 2　切换至"调色"步骤面板，在"节点"面板中选择编号为 01 的节点，
如图 4-51 所示。

▶▶ 步骤 3　在"检视器"面板中单击"突出显示"按钮，方便查看后续颜色选取，
如图 4-52 所示。

▶▶ 步骤 4　切换至"限定器"面板，应用"拾取器"工具在预览窗口的图像上，
选取男生衣服上的蓝色区域画面，如图 4-53 所示，可以看到女生身上的衣服没有完全
选中。

节点调色：通过节点来调整画面

117

图 4-50　打开一个项目文件

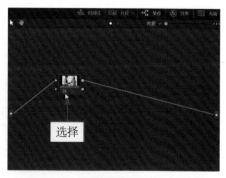

图 4-51　选择编号为 01 的节点

图 4-52　单击"突出显示"按钮

图 4-53　选取蓝色区域画面

▶▶ 步骤5　在"节点"面板中，选中 01 节点，右击，在弹出的快捷菜单中选择"添加节点"|"添加并行节点"命令，如图 4-54 所示。

▶▶ 步骤6　即可添加一个编号为 02 的并行节点和一个"并行混合器"节点，如图 4-55 所示。

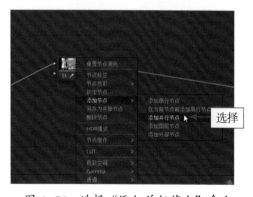

图 4-54　选择"添加并行节点"命令

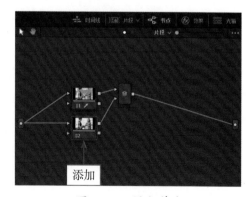

图 4-55　添加节点

▶▶ 步骤7　在预览窗口中应用"拾取器"工具 ✎ 在图像上选取女生衣服上的蓝色区域画面，如图 4-56 所示。

▶▶ 步骤8　切换至"限定器"面板，在"蒙版优化"选项区中，设置"降噪"参数为 10.0，如图 4-57 所示。

图 4-56 选取相应区域画面

图 4-57 设置"降噪"参数

▶▶步骤9 在"节点"面板中继续添加一个编号为 03 的并行节点，如图 4-58 所示。

▶▶步骤10 在"节点"面板的空白位置处右击，在弹出的快捷菜单中选择"添加节点"|"键混合器"命令，如图 4-59 所示。

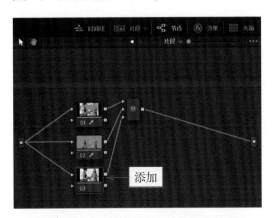

图 4-58 添加编号为 03 的并行节点

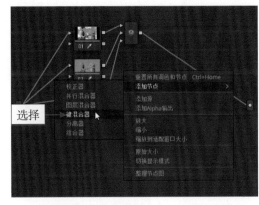

图 4-59 选择"键混合器"选项

▶▶步骤11 即可添加一个"键混合器"节点，如图 4-60 所示。

▶▶步骤12 将 01 节点和 02 节点的"键输出"图标与"键混合器"节点的两个"键输入"图标相连接，如图 4-61 所示。

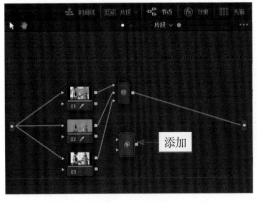

图 4-60 添加"键混合器"节点

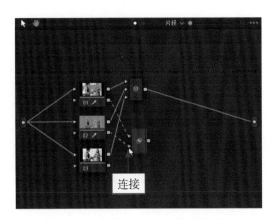

图 4-61 连接 01 和 02 节点的"键"

▶▷步骤 13　在预览窗口中可以查看"键"连接效果，如图 4-62 所示。

▶▷步骤 14　拖动 03 节点至"键混合器"节点的右下角，如图 4-63 所示。

图 4-62　查看"键"连接效果

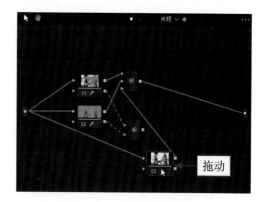

图 4-63　拖动 03 节点

▶▷步骤 15　连接"键混合器"节点的"键输出"图标与 03 节点的"键输入"图标，如图 4-64 所示。

▶▷步骤 16　在预览窗口中可以查看 03 节点连接"键"后显示的画面效果，如图 4-65 所示。

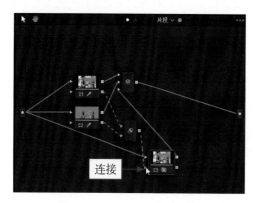

图 4-64　连接 03 节点的键

图 4-65　查看 03 节点"键"的连接效果

▶▷步骤 17　在"色轮"面板中，设置"色相"参数为 66.40，如图 4-66 所示。即可更改衣服上的颜色，切换至"剪辑"步骤面板，在预览窗口中查看最终效果。

图 4-66　设置"色相"参数

4.2.5　RGB 通道信息输出调色

【效果展示】前面提过图像画面含有 RGB 通道信息，每个通道的信息分布不同，在 DaVinci Resolve 18 中，"分离器"节点可以将素材分为红、绿、蓝三个通道节点单独进行调整，然后通过"结合器"节点进行合并输出，效果如图 4-67 所示。

扫码看案例效果　扫码看教学视频

图 4-67　信息输出调色效果展示

▶▶ 步骤 1　打开一个项目文件，进入达芬奇"剪辑"步骤面板，如图 4-68 所示，通过调整图像素材 RGB 通道信息，制作特殊的图像效果。

▶▶ 步骤 2　切换至"调色"步骤面板，在"节点"面板中选择编号为 01 的节点，如图 4-69 所示。

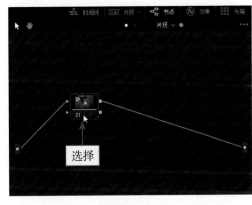

图 4-68　打开一个项目文件　　　　图 4-69　选择编号为 01 的节点

▶▶ 步骤 3　在菜单栏中单击"调色"｜"节点"｜"添加分离器/结合器节点"命令，如图 4-70 所示。

▶▶ 步骤 4　即可在"节点"面板中添加"分离器"节点和"结合器"节点以及红、绿、蓝通道节点，如图 4-71 所示。01 节点右侧连接的节点是"分离器"节点，"分离器"节点右侧分离出来的编号为 03、04、05 的三个节点分别对应的红、绿、蓝通道节点，通道节点输出连接的是"结合器"节点。

图 4-70　单击相应命令

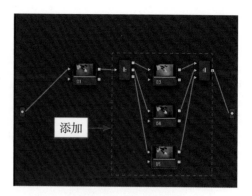

图 4-71　添加节点

▶▶ 步骤5　选择04节点，在"节点"面板上方，单击"效果"按钮🅕，如图 4-72 所示。

▶▶ 步骤6　即可打开"素材库"选项卡，如图 4-73 所示。

图 4-72　单击"效果"按钮

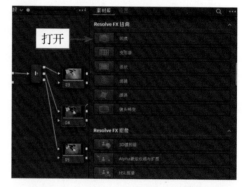

图 4-73　打开"素材库"选项卡

▶▶ 步骤7　向下移动面板，在"Resolve FX 模糊"滤镜组中，选择"马赛克模糊"选项，如图 4-74 所示。

▶▶ 步骤8　按住鼠标左键将"马赛克模糊"滤镜效果拖动至 04 节点上，释放鼠标左键，即可在红色通道节点上添加"马赛克模糊"滤镜效果，如图 4-75 所示。

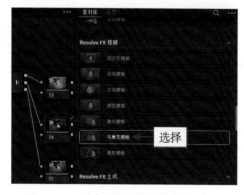

图 4-74　选择"马赛克模糊"选项

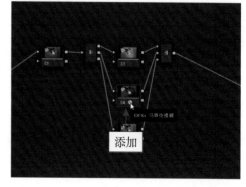

图 4-75　添加"马赛克模糊"滤镜效果

▶▶ 步骤9　执行操作后，即可自动切换至效果"设置"面板，设置"像素频率"参数为 5.0，如图 4-76 所示。在预览窗口中即可查看制作的特殊视频效果。

图 4-76　设置"像素频率"参数

4.3　制作抖音热门调色视频

当用户选择"节点"面板中添加的节点后，即可通过节点对视频进行调色。本节介绍应用节点制作抖音热门调色视频的操作方法。

4.3.1　对素材进行抠像透明处理

【效果展示】通过前面的学习，了解到 DaVinci Resolve 18 可以对含有 Alpha 通道信息的素材图像进行调色处理，不仅如此，DaVinci Resolve 18 还可以对含有 Alpha 通道信息的素材画面进行抠像透明处理，效果如图 4-77 所示。

扫码看案例效果　扫码看教学视频

图 4-77　对素材进行抠像透明处理效果展示

▶▶ 步骤 1　打开一个项目文件，进入达芬奇"剪辑"步骤面板，如图 4-78 所示。

▶▶ 步骤 2　在"时间线"面板中以 V1 轨道上的素材为背景素材，双击，在预览窗口中可以查看背景素材画面效果，如图 4-79 所示。

▶▶ 步骤 3　在"时间线"面板中，V2 轨道上的素材为待处理的蒙版素材，双击，在预览窗口中可以查看蒙版素材画面效果，如图 4-80 所示。

▶▶ 步骤4 切换至"调色"步骤面板，单击"窗口"按钮 ⚙，展开"窗口"面板，如图 4-81 所示。

图 4-78 打开一个项目文件

图 4-79 查看背景素材画面效果

图 4-80 查看蒙版素材画面效果

图 4-81 单击"窗口"按钮

▶▶ 步骤5 在"窗口"预设面板中，单击曲线"窗口激活"按钮 ✏，如图 4-82 所示。

▶▶ 步骤6 在预览窗口的图像上绘制一个窗口蒙版，如图 4-83 所示。

图 4-82 单击曲线"窗口激活"按钮

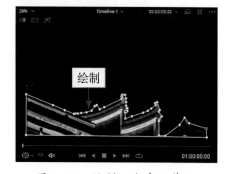

图 4-83 绘制一个窗口蒙版

▶▶ 步骤7 在"节点"面板的空白位置处右击，在弹出的快捷菜单中选择"添加 Alpha 输出"命令，如图 4-84 所示。

▶▶ 步骤8 在"节点"面板右侧即可添加一个"Alpha 最终输出"图标 ▪，如图 4-85 所示。

▶▶ 步骤9 连接 01 节点的"键输出"图标 ▪ 与面板右侧的"Alpha 最终输出"图标 ▪，如图 4-86 所示，查看素材抠像透明处理的最终效果。

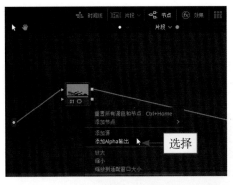

图 4-84 选择"添加 Alpha 输出"命令

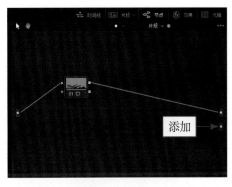

图 4-85 添加一个"Alpha 输出"图标

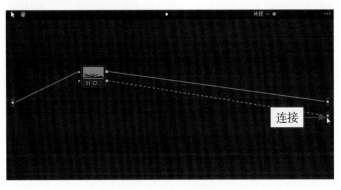

图 4-86 连接"键"输出

4.3.2 让素材画面变得更加透亮

【效果展示】在"节点"面板中,通过"图层混合器"功能应用滤色合成模式,可以使视频画面变得更加透亮,原图与效果对比如图 4-87 所示。

扫码看案例效果 扫码看教学视频

图 4-87 原图与效果对比展示

▶▶ 步骤1 打开一个项目文件，进入达芬奇"剪辑"步骤面板，在预览窗口中可以查看打开的项目效果，如图4-88所示。

▶▶ 步骤2 切换至"调色"步骤面板，在"节点"面板中选择编号为01的节点，在鼠标右下角弹出"无调色"提示框，表示当前素材并未有过调色处理，如图4-89所示。

 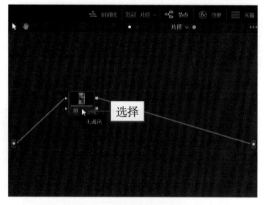

图4-88 查看打开的项目效果　　　　图4-89 选择编号为01的节点

▶▶ 步骤3 右击，在弹出的快捷菜单中选择"添加节点"|"添加串行节点"命令，如图4-90所示。

▶▶ 步骤4 即可在"节点"面板中添加一个编号为02的串行节点，如图4-91所示。

 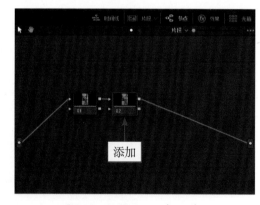

图4-90 选择"添加串行节点"命令　　　图4-91 添加02串行节点

▶▶ 步骤5 在02节点上右击，在弹出的快捷菜单中选择"添加节点"|"添加图层节点"命令，如图4-92所示。

▶▶ 步骤6 即可在"节点"面板中添加一个"图层混合器"和一个编号为03的图层节点，如图4-93所示。

▶▶ 步骤7 选择03节点，展开"色轮"面板，选中"亮部"色轮中心的白色圆圈，按住鼠标左键的同时往青蓝色方向拖动，直至参数显示为1.00、0.73、1.04、1.42，如图4-94所示。

▶▷ **步骤8** 用相同的方法选中"偏移"色轮中心的白色圆圈并往青蓝色方向拖动，直至参数显示为 15.62、23.40、35.78，如图 4-95 所示。

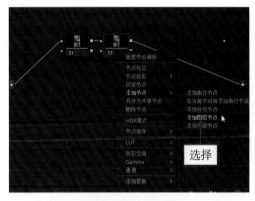

图 4-92 选择"添加图层节点"命令

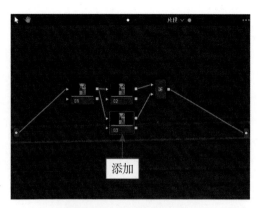

图 4-93 添加相应节点

图 4-94 拖动"亮部"色轮中心的圆圈

图 4-95 拖动"偏移"色轮中心的圆圈

▶▷ **步骤9** 在预览窗口中可以查看画面色彩调整效果，如图 4-96 所示。

▶▷ **步骤10** 在"节点"面板中选择"图层混合器"选项，如图 4-97 所示。

图 4-96 查看画面色彩的调整效果

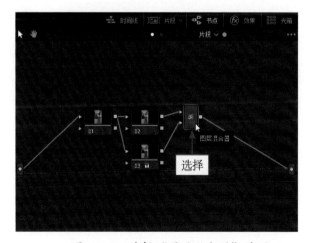

图 4-97 选择"图层混合器"选项

▶▷ **步骤11** 右击，在弹出的快捷菜单中选择"合成模式"|"滤色"命令，如图 4-98 所示。

▶▶ 步骤 12　在预览窗口中查看应用滤色合成模式的画面效果，如图 4-99 所示，可以看到画面中的亮度有点儿偏高，需要降低画面中的亮度。

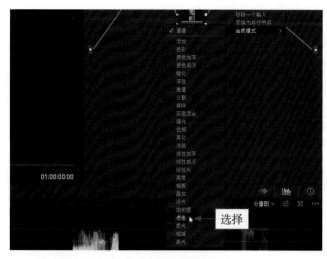

图 4-98　选择"滤色"命令　　　　图 4-99　查看应用滤色合成模式的画面效果

▶▶ 步骤 13　在"节点"面板中选择 01 节点，如图 4-100 所示。

▶▶ 步骤 14　在"色轮"面板中向左拖动"亮部"色轮下方的轮盘，直至参数均显示为 0.70，如图 4-101 所示，在预览窗口中即可查看视频画面透亮效果。

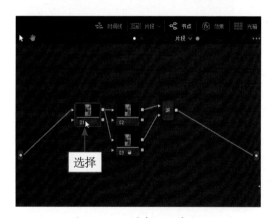

图 4-100　选择 01 节点　　　　　图 4-101　拖动"亮部"色轮下方的轮盘

4.3.3　修复人物皮肤局部的肤色

【效果展示】前期拍摄人物时，或多或少都会受到周围的环境、光线的影响，导致人物肤色不正常，而在达芬奇的矢量图示波器中可以显示人物肤色指示线，用户可通过矢量图示波器来修复人物肤色。下面介绍局部修复人物肤色的操作方法，原图与效果对比如图 4-102 所示。

扫码看案例效果　扫码看教学视频

▶▶ 步骤 1　打开一个项目文件，进入达芬奇"剪辑"步骤面板，在预览窗口中可以查看打开的项目效果，画面的人物肤色偏黄偏暗，需要还原画面中人物的肤色，如图 4-103 所示。

▶▶ 步骤 2 切换至"调色"步骤面板，在"节点"面板中选择编号为 01 的节点，在右下角弹出"无调色"提示框，表示当前素材并未有过调色处理，如图 4-104 所示。

图 4-102　原图与效果对比展示

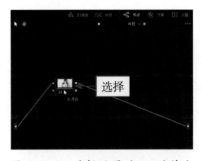

图 4-103　打开一个项目文件　　　　图 4-104　选择编号为 01 的节点

▶▶ 步骤 3 展开"色轮"面板，向右拖动"亮部"色轮下方的轮盘，直至参数均显示为 1.18，如图 4-105 所示。

▶▶ 步骤 4 即可提高人物肤色亮度，效果如图 4-106 所示。

图 4-105　拖动"亮部"色轮下方的轮盘　　　图 4-106　提高人物肤色亮度

▶▶ 步骤 5 在"节点"面板中选中 01 节点，右击，在弹出的快捷菜单中选择"添加节点"|"添加串行节点"命令，如图 4-107 所示。

▶▶ 步骤 6 即可在"节点"面板中添加一个编号为 02 的串行节点，如图 4-108 所示。

图 4-107　选择"添加串行节点"命令

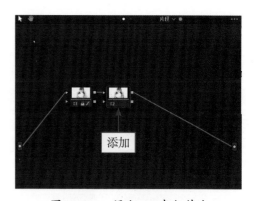

图 4-108　添加 02 串行节点

▶▶步骤7　展开"示波器"面板，在示波器窗口栏的右上角单击下拉按钮，在弹出的下拉列表框中选择"矢量图"选项，如图 4-109 所示。

▶▶步骤8　即可打开"矢量图"示波器面板，在右上角单击"设置"按钮，如图 4-110 所示。

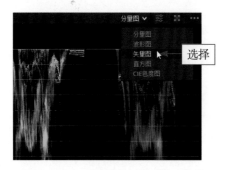

图 4-109　选择"矢量图"选项

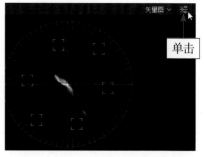

图 4-110　单击"设置"按钮

▶▶步骤9　弹出相应面板，勾选"显示肤色指示线"复选框，如图 4-111 所示。

▶▶步骤10　即可在矢量图上显示肤色指示线，如图 4-112 所示，可以看到色彩矢量波形明显偏离了肤色指示线。

图 4-111　勾选"显示肤色指示线"复选框

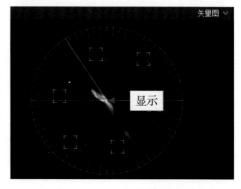

图 4-112　显示肤色指示线

▶▶步骤11　展开"限定器"面板，在面板中单击"拾取器"按钮，如图 4-113 所示。

▶▶步骤 12 在"检视器"面板上方单击"突出显示"按钮 🔆，如图 4-114 所示。

图 4-113　单击"拾取器"按钮

图 4-114　单击"突出显示"按钮

▶▶步骤 13 在预览窗口中按住鼠标左键，拖动光标选取人物皮肤，如图 4-115 所示。

▶▶步骤 14 切换至"限定器"面板，单击"拾取器加"按钮 🔆，如图 4-116 所示。

图 4-115　选取人物皮肤

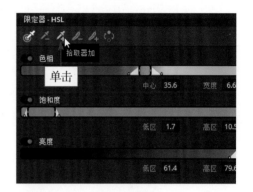

图 4-116　单击"拾取器加"按钮

▶▶步骤 15 在预览窗口中继续使用滴管工具，选取人物脸部未被选取的皮肤，如图 4-117 所示。

▶▶步骤 16 展开"矢量图"示波器面板查看色彩矢量波形变换的同时，在"色轮"面板中拖动"亮部"色轮中心的白色圆圈，直至参数显示为 1.00、1.06、0.97、1.10，如图 4-118 所示。

图 4-117　选取人物脸部未被选取的皮肤

图 4-118　拖动"亮部"色轮中心的白色圆圈

▶▷ 步骤 17　"矢量图"示波器面板中的色彩矢量波形已与肤色指示线重叠，如图 4-119 所示，在预览窗口中，查看人物肤色修复效果。

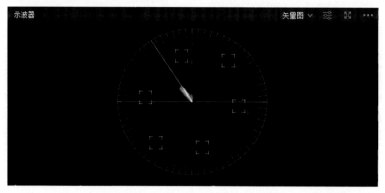

图 4-119　色彩矢量波形修复效果

4.3.4　打造唯美小清新色调效果

扫码看案例效果　扫码看教学视频

【效果展示】在达芬奇中，应用调色节点调整画面明暗反差和曝光，并结合"色轮"工具调整色彩色调，可以打造出唯美小清新色调效果，原图与效果对比如图 4-120 所示。

图 4-120　原图与效果对比展示

▶▷ 步骤 1　打开一个项目文件，进入达芬奇"剪辑"步骤面板，在预览窗口中可以查看打开的项目效果，如图 4-121 所示。

▶▷ 步骤 2　切换至"调色"步骤面板，在"节点"面板中选择编号为 01 的节点，如图 4-122 所示。

▶▷ 步骤 3　展开"色轮"面板，设置"暗部"参数均显示为 0.03、"中灰"参数均显示为 0.02、"亮部"参数均显示为 1.07，如图 4-123 所示。

图 4-121　查看打开的项目效果

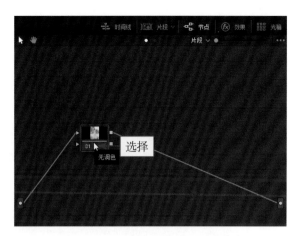

图 4-122　选择编号为 01 的节点

图 4-123　设置各色轮通道参数

▶▶ 步骤 4　对画面明暗反差和曝光进行处理，让画面呈现微微过曝的感觉，效果如图 4-124 所示。

▶▶ 步骤 5　展开"色轮"面板，在面板下方设置"饱和度"参数为 85.00，如图 4-125 所示。

图 4-124　画面微微过曝效果

图 4-125　设置"饱和度"参数

▶▶ 步骤 6　设置"色温"参数为 -200.0，如图 4-126 所示。

▶▶ 步骤 7　即可增加画面饱和度并降低色温，使画面微微偏冷色调，效果如图 4-127 所示。

图 4-126　设置"色温"参数　　　　图 4-127　画面微微偏冷色调效果

▶▶步骤8　在"节点"面板中添加一个编号为02的串行节点，如图4-128所示。

▶▶步骤9　在"一级-校色轮"面板中将"暗部"色调往青色调整（设置参数为0.00、-0.06、0.03、-0.08）、将"中灰"色调往橙色调整（设置参数为0.00、0.03、-0.00、-0.03），如图4-129所示。

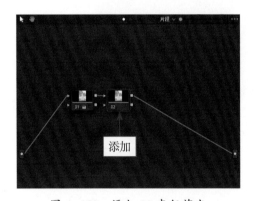

图 4-128　添加 02 串行节点　　　　图 4-129　设置"暗部"和"中灰"参数

▶▶步骤10　在 Log 色轮面板中，将"阴影"色调往绿色调整（设置参数为-0.20、0.08、-0.24）、将"中间调"色调往红色调整（设置参数为0.07、-0.01、-0.08），如图4-130所示。

▶▶步骤11　在预览窗口中查看画面色调的调整效果，如图4-131所示。

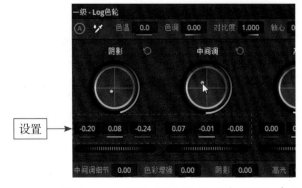

图 4-130　设置"阴影"和"中间调"参数　　　　图 4-131　查看画面色调调整效果

▶▶步骤 12 在"节点"面板中，添加一个编号为 03 的串行节点，如图 4-132 所示。

▶▶步骤 13 展开"限定器"面板，应用"拾取器"滴管工具，在预览窗口中选取人物皮肤，如图 4-133 所示。

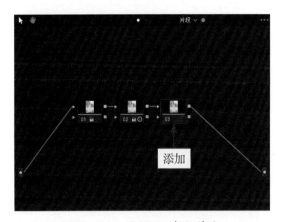

图 4-132 添加 03 串行节点   图 4-133 选取人物皮肤

▶▶步骤 14 展开"运动特效"面板，在"空域降噪"选项区中单击"模式"下拉按钮，在弹出的下拉列表框中选择"更好"选项，如图 4-134 所示。

▶▶步骤 15 在"空域阈值"选项区中设置"亮度"和"色度"参数值均为 100.0，如图 4-135 所示，对人物皮肤进行降噪和磨皮处理。

图 4-134 选择"更好"选项   图 4-135 设置"亮度"和"色度"参数值

▶▶步骤 16 在"节点"面板中添加一个编号为 04 的并行节点，如图 4-136 所示。

▶▶步骤 17 在"一级 - 校色轮"面板中，将"中灰"色调往红色调整（设置参数为 -0.01、0.02、-0.01、-0.04）、将"亮部"色调往蓝色调整（设置参数为 1.00、0.85、1.01、1.31），如图 4-137 所示。

▶▶步骤 18 在"节点"面板中，选择"并行混合器"选项，右击，在弹出的快捷菜单中选择"添加节点"|"添加串行节点"命令，如图 4-138 所示。

▶▶步骤 19 即可添加一个编号为 06 的串行节点，如图 4-139 所示。

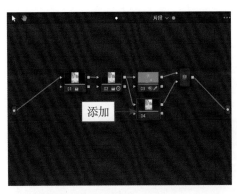

图 4-136　添加 04 并行节点

图 4-137　设置"中灰"和"亮部"参数

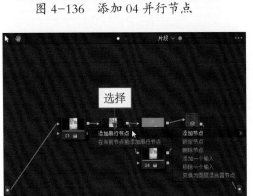

图 4-138　选择"添加串行节点"命令

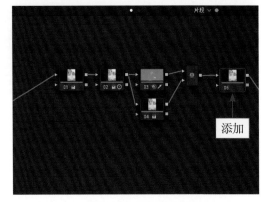

图 4-139　添加 06 串行节点

▶▶步骤20　在"色轮"面板中设置"色温"参数为 -80.0、"色调"参数为 -17.50，如图 4-140 所示。即可使画面往冷色调和青色调进行偏移，在预览窗口中可以查看制作的唯美小清新婚纱照色调效果。

图 4-140　设置"色温"和"色调"参数

4.3.5　城市夜景黑金色调这么调

【效果展示】城市黑金色在抖音平台上是一个比较热门的网红色调，有很多摄影爱好者和调色师都会将拍摄的

扫码看案例效果　扫码看教学视频

城市夜景调成黑金色调，原图与效果对比如图 4-141 所示。

图 4-141 原图与效果对比展示

▶▶ 步骤1 打开一个项目文件，进入达芬奇"剪辑"步骤面板，在预览窗口中可以查看打开的项目效果，如图 4-142 所示。

▶▶ 步骤2 切换至"调色"步骤面板，在"节点"面板中选择编号为 01 的节点，如图 4-143 所示。

图 4-142 查看打开的项目效果

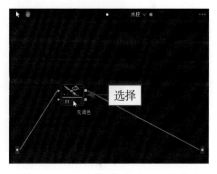

图 4-143 选择编号为 01 的节点

▶▶ 步骤3 展开"曲线 – 色相 对 饱和度"面板，在曲线上添加四个控制点，如图 4-144 所示。

图 4-144 添加四个控制点

▶▶ 步骤4 选中第二个控制点并向下拖动，直至"输入色相"参数显示为 308.02、"饱和度"参数显示为 0.01，如图 4-145 所示。

图 4-145　拖动第二个控制点

▶▶ 步骤5　即可降低画面中的绿色饱和度，去除画面中的绿色，效果如图 4-146 所示。

图 4-146　去除画面中的绿色效果

▶▶ 步骤6　选中第三个控制点并向下拖动，直至"输入色相"参数显示为 181.32、"饱和度"参数显示为 0.02，如图 4-147 所示。

图 4-147　拖动第三个控制点

▶▶ 步骤7　即可降低画面中的蓝色饱和度，去除画面中的蓝色，效果如图 4-148 所示。

▶▶ 步骤8　在"节点"面板中的 01 节点上右击，在弹出的快捷菜单中选择"添加

节点"|"添加串行节点"命令，在面板中添加一个编号为 02 的串行节点，如图 4-149 所示。

▶▶ 步骤9 切换至"曲线 – 色相 对 饱和度"面板，在面板下方单击黄色色块，如图 4-150 所示。

图 4-148 去除画面中的蓝色效果

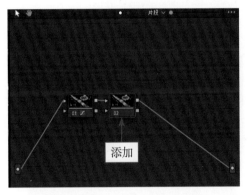

图 4-149 添加 02 串行节点

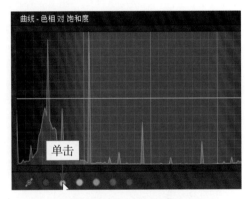

图 4-150 单击黄色色块

▶▶ 步骤10 在曲线上即可添加三个控制点，选中中间的控制点并向上拖动，直至"输入色相"参数显示为 315.23、"饱和度"参数显示为 1.99，如图 4-151 所示。

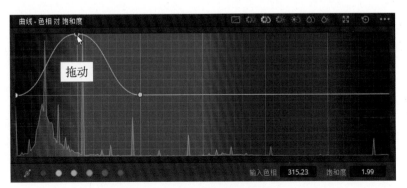

图 4-151 拖动中间的控制点

▶▶ 步骤11 在预览窗口中可以查看黄色饱和度增加后的画面效果，如图 4-152 所示。

▶▶步骤 12　在"节点"面板中用相同的方法添加一个编号为 03 的串行节点，如图 4-153 所示。

图 4-152　查看黄色饱和度增加后的画面效果

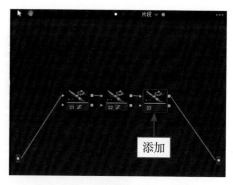

图 4-153　添加 03 串行节点

▶▶步骤 13　切换至"色轮"面板，在面板下方设置"色温"参数为 1500.0，将画面往暖色调调整，如图 4-154 所示。

▶▶步骤 14　设置"中间调细节"参数为 100.00，增加画面质感，如图 4-155 所示。在预览窗口中查看制作的城市夜景黑金色调效果。

图 4-154　设置"色温"参数

图 4-155　设置"中间调细节"参数

第 **5** 章

LUT 调色：使用 LUT 工具进行调色

在达芬奇中，LUT 相当于一个滤镜"神器"，可以帮助用户实现各种调色风格。本章主要介绍在达芬奇中使用 LUT 的方法，以及使用影调风格进行调色处理的制作方法等内容。

新手重点索引

▶ 使用 LUT 功能进行调色处理

▶ 使用影调风格进行调色处理

效果图片欣赏

5.1　使用 LUT 功能进行调色处理

　　LUT 是什么？LUT 是 Look Up Table 的简称，我们可以将其理解为查找表或查色表。在 DaVinci Resolve 18 中，LUT 相当于胶片滤镜库。LUT 的功能分为三部分：一是色彩管理，可以确保素材图像在显示器上显示的色彩均衡一致；二是技术转换，当用户需要将图像中的 A 色彩转换为 B 色彩时，LUT 在图像色彩转换生成的过程中准确度更高；三是影调风格，LUT 支持多种胶片滤镜效果，方便用户制作特殊的影视图像。

5.1.1　在"节点"添加 LUT

　　【效果展示】在达芬奇中，支持用户使用 LUT 胶片滤镜进行调色处理，改变图像画面的亮度，原图与效果对比如图 5-1 所示。

扫码看案例效果　扫码看教学视频

　　▶▶ 步骤 1 打开一个项目文件，进入达芬奇"剪辑"步骤面板，在预览窗口中可以查看打开的项目效果，如图 5-2 所示。

　　▶▶ 步骤 2 切换至"调色"步骤面板，展开"节点"面板，选中 01 节点，如图 5-3 所示。

图 5-1　原图与效果对比展示

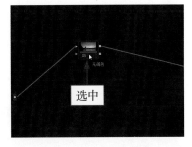

图 5-2　查看打开的项目效果　　　　　　图 5-3　选中 01 节点

▶▶步骤3　右击，在弹出的快捷菜单中选择 LUT ｜ DJI 下的相应命令，如图 5-4 所示，即可改变图像的亮度，在预览窗口中可以查看应用滤镜后的项目效果。

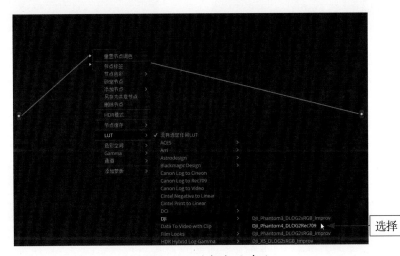

图 5-4　选择相应命令

5.1.2　直接调用 3D LUT 滤镜

【效果展示】在 DaVinci Resolve 18 中，提供了 3D LUT 面板，与 1D LUT 不同的是，3D LUT 不仅可以改变图像的亮度，还可以改变图像色彩色相，方便用户直接调用 LUT 胶片滤镜对素材文件进行调色处理，原图与效果对比如图 5-5 所示。

扫码看案例效果　扫码看教学视频

图 5-5　原图与效果对比展示

▶▶ 步骤 1　打开一个项目文件，在预览窗口中可以查看打开的项目效果，如图 5-6 所示。

▶▶ 步骤 2　切换至"调色"步骤面板，在左上角单击 LUT 按钮 🔲 LUT，如图 5-7 所示。

图 5-6　查看打开的项目效果

图 5-7　单击 LUT 按钮

▶▶ 步骤 3　展开 LUT 面板，如图 5-8 所示。

▶▶ 步骤 4　在下方的选项面板中选择 Sony 选项，展开相应的面板，如图 5-9 所示。

图 5-8　展开 LUT 面板

图 5-9　选择 Sony 选项

▶▶ 步骤 5　选择第四个滤镜样式，如图 5-10 所示。

▶▶ 步骤 6　按住鼠标左键并拖动至预览窗口的图像画面上，如图 5-11 所示，释放鼠标左键即可将选择的滤镜样式添加至视频素材上，提高图像的饱和度。

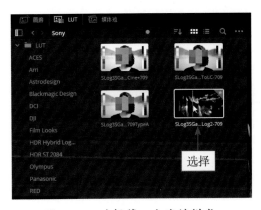

图 5-10　选择第四个滤镜样式

图 5-11　拖动滤镜样式

5.2　使用影调风格进行调色处理

调色是后期图像处理的重要技术之一，很多调色师都有自己独特的调色技法，可以根据需求对图像制作出影调风格化效果。本节主要介绍在 DaVinci Resolve 18 中使用影调风格进行调色处理的操作方法，希望大家可以学以致用、举一反三。

5.2.1　制作色彩艳丽的图像效果

【效果展示】交叉冲印是一种传统的摄影技法，具有高反差和高饱和度的特点，可通过改变图像色调来制作颜色和光泽都很鲜艳的效果，原图与效果对比如图 5-12 所示。

扫码看案例效果　扫码看教学视频

图 5-12　原图与效果对比展示

▶▶ 步骤 1　打开一个项目文件，在预览窗口中可以查看打开的项目效果，如图 5-13 所示。

▶▶ 步骤 2　切换至"调色"步骤面板，展开"一级 - 校色轮"面板，向右拖动"亮部"色轮下方的轮盘，直至参数均显示为 1.29，如图 5-14 所示，提高图像亮部参数。

▶▶ 步骤 3　向左拖动"暗部"色轮下方的轮盘，直至参数均显示为 -0.03，如图 5-15

145

所示，降低图像暗部参数。

▶▶ 步骤4　在"节点"面板中选中01节点，右击，在弹出的快捷菜单中选择"添加节点"|"添加串行节点"命令，如图5-16所示，即可添加一个编号为02的节点。

图5-13　查看打开的项目效果

图5-14　拖动"亮部"色轮轮盘

图5-15　拖动"暗部"色轮轮盘

图5-16　选择"添加串行节点"命令

▶▶ 步骤5　在"曲线－亮度 对 饱和度"面板中，在水平曲线上单击添加一个控制点，选中添加的控制点并向上拖动，直至下方面板中"输入亮度"参数显示为0.06、"饱和度"参数显示为1.97，即可在预览窗口中查看制作的图像效果，如图5-17所示。

图5-17　设置"曲线－亮度 对 饱和度"参数

5.2.2　卤化银颗粒增加胶片的反差

【效果展示】漂白（也被称为银保留或跳过漂白剂）是指一个特定的过程，跳过漂白剂是指胶片在洗印过程中，

扫码看案例效果　扫码看教学视频

没有经过漂白去除卤化银颗粒。颜色越多的画面卤化银颗粒越多，画面反差越大，图像对比度增加，卤化银颗粒加强，暗部区域画面越暗饱和度越低，原图与效果对比如图5-18所示。

图 5-18　原图与效果对比展示

▶▷ 步骤1　打开一个项目文件，在预览窗口中可以查看打开的项目效果，如图5-19所示。

▶▷ 步骤2　切换至"调色"步骤面板，展开"一级－校色轮"面板，设置"暗部"色轮下方的参数均显示为 -0.08，设置"亮部"色轮下方的参数均显示为1.40，降低图像暗部，提高图像亮部，如图5-20所示。

图 5-19　查看打开的项目效果　　　　图 5-20　设置相应参数

▶▷ 步骤3　在"节点"面板中添加一个编号为02的串行节点，如图5-21所示。

▶▷ 步骤4　在"检视器"面板中单击"突出显示"按钮■，在预览窗口中查看01节点调色效果，如图5-22所示。

147

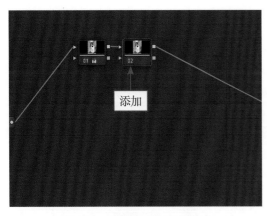

图 5-21　添加一个串行节点

图 5-22　查看 01 节点调色效果

▶▷ 步骤5　展开"曲线 - 自定义"面板，在曲线上添加一个控制点，并拖动控制点至合适位置，如图 5-23 所示，稍微提亮一下人物肤色。

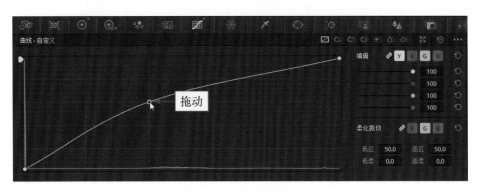

图 5-23　拖动控制点

▶▷ 步骤6　展开"曲线 - 亮度 对 饱和度"面板，在曲线上选择暗部区域的控制点，如图 5-24 所示。

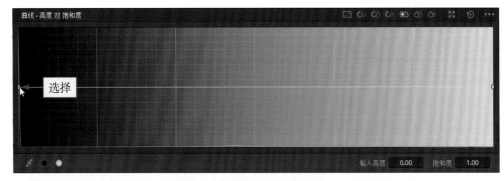

图 5-24　选择相应的控制点

▶▷ 步骤7　垂直向下拖动控制点，直至"输入亮度"参数为 0.00、"饱和度"参数为 0.67，如图 5-25 所示，降低图像暗部饱和度，切换至"剪辑"步骤面板，查看制作的图像效果。

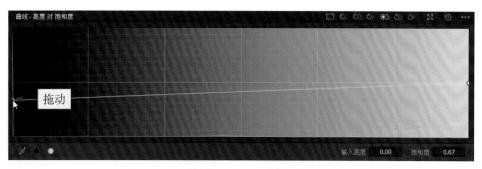

图 5-25　拖动控制点

5.2.3　制作"老影像"艺术效果

【效果展示】暗角是一种摄影术语，是指图像画面的中间部分较亮，四个角渐变偏暗的一种"老影像"艺术效果，方便突出画面中心。在 DaVinci Resolve 18 中，用户可以应用圆形窗口降低画面亮度来实现暗角效果，原图与效果对比如图 5-26 所示。

扫码看案例效果　扫码看教学视频

图 5-26　原图与效果对比展示

▶▶ 步骤 1 打开一个项目文件，在预览窗口中可以查看打开的项目效果，如图 5-27 所示。

▶▶ 步骤 2 切换至"调色"步骤面板，展开"窗口"面板，在"窗口"预设面板中单击圆形"窗口激活"按钮 ⊙，如图 5-28 所示。

图 5-27　查看打开的项目效果

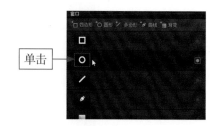

图 5-28　单击圆形"窗口激活"按钮

LUT 调色：使用 LUT 工具进行调色

第 5 章

149

▶▶ 步骤3　在预览窗口中拖动圆形蒙版蓝色方框上的控制柄，调整蒙版大小和位置，如图 5-29 所示。

▶▶ 步骤4　拖动蒙版白色圆框上的控制柄，调整蒙版羽化区域，如图 5-30 所示。

图 5-29　调整蒙版大小和位置　　　　　　图 5-30　调整蒙版羽化区域

▶▶ 步骤5　在"窗口"预设面板中单击圆形"反向"按钮◙，预览窗口画面反向选取效果如图 5-31 所示。

▶▶ 步骤6　展开"曲线 - 自定义"面板，在曲线上添加一个控制点，并向下拖动添加的控制点，至合适位置后释放鼠标左键，如图 5-32 所示。

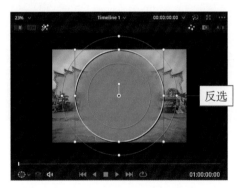
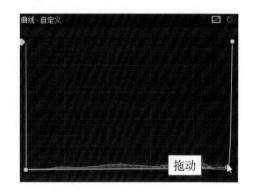

图 5-31　反选圆形蒙版区域　　　　　　　图 5-32　拖动控制点

▶▶ 步骤7　在"节点"面板中添加一个编号为 02 的串行节点，如图 5-33 所示。切换至"剪辑"步骤面板，查看制作的"老影像"图像效果。

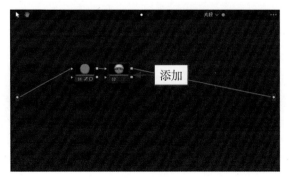

图 5-33　添加一个串行节点

5.2.4 使杂乱的背景模糊处理

【效果展示】当素材图像画面背景杂乱无章时，会影响观众视觉效果，此时需要后期将画面主体进行突出处理，除了通过上一例中的暗角处理突出画面中心外，用户还可以通过虚化背景来突出画面主体，原图与效果对比如图 5-34 所示。

扫码看案例效果　扫码看教学视频

图 5-34　原图与效果对比展示

▶▶ 步骤1 打开一个项目文件，进入达芬奇"剪辑"步骤面板，如图 5-35 所示。

▶▶ 步骤2 在预览窗口中可以查看打开的项目效果，如图 5-36 所示。

图 5-35　打开一个项目文件　　　　图 5-36　查看打开的项目效果

▶▶ 步骤3 切换至"调色"步骤面板，展开"窗口"面板，在"窗口"预设面板中单击圆形"窗口激活"按钮 o，如图 5-37 所示。

▶▶ 步骤4 在预览窗口中拖动圆形蒙版四周的控制柄，调整蒙版大小和位置，选取主体画面，如图 5-38 所示。

▶▶ 步骤5 在"窗口"预设面板中单击圆形"反向"按钮 ◉，如图 5-39 所示。

▶▶ 步骤6 展开"模糊"面板，设置"半径"通道参数为 2.20，如图 5-40 所示。切换至"剪辑"步骤面板，查看制作的图像效果。

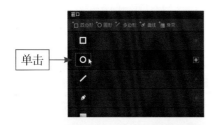

图 5-37　单击圆形"窗口激活"按钮　　　图 5-38　调整蒙版大小和位置

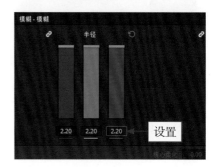

图 5-39　单击圆形"反向"按钮　　　图 5-40　设置"半径"通道参数

5.2.5　制作泛黄怀旧回忆色调

【效果展示】双色调是一种比较怀旧的色调风格，稍微泛黄的图像画面，可以制作出一种电视画面回忆的效果。

在 DaVinci Resolve 18 中，用户可通过调整"亮部"和"中灰"通道的参数值来制作双色调，原图与效果对比如图 5-41 所示。

扫码看案例效果　扫码看教学视频

图 5-41　原图与效果对比展示

▶▶ 步骤 1　打开一个项目文件，在预览窗口中可以查看打开的项目效果，如图 5-42 所示。

▶▶ 步骤 2 切换至"调色"步骤面板，展开"一级－校色轮"面板，设置"中灰"色轮参数分别为 -0.20、-0.16、-0.21、-0.29；设置"亮部"色轮参数分别为 0.94、1.13、0.94、0.32，如图 5-43 所示。切换至"剪辑"步骤面板，查看制作的图像效果。

图 5-42　查看打开的项目效果

图 5-43　设置相应参数

5.2.6　制作夜景镜头画面效果

【效果展示】夜景镜头是影视画面中常用的一种调色技法，在 DaVinci Resolve 18 中，用户可通过调整"亮部"和"中灰"参数，以及调整"色相 VS 亮度"曲线来实现，原图与效果对比如图 5-44 所示。

扫码看案例效果　扫码看教学视频

图 5-44　原图与效果对比展示

▶▶ 步骤 1 打开一个项目文件，在预览窗口中可以查看打开的项目效果，如图 5-45 所示。

▶▶ 步骤 2 切换至"调色"步骤面板，展开"一级－校色轮"的面板，设置"中灰"色轮参数为 0.03、0.12、0.02、-0.04；设置"亮部"色轮参数为 1.37、1.86、1.24、1.21，如图 5-46 所示。

▶▶ 步骤 3 切换至"曲线－色相 对 亮度"面板，在面板下方单击蓝色色块，如图 5-47 所示。

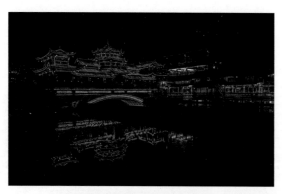

图 5-45　查看打开的项目效果

图 5-46　设置色轮参数

图 5-47　单击蓝色色块

▶▶ 步骤 4　选择并向下拖动曲线上的第二个控制点，直至"输入色相"参数显示为135.62、"亮度增益"参数显示为 0.13，如图 5-48 所示。切换至"剪辑"步骤面板，查看制作的图像效果。

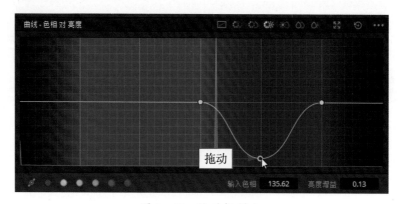

图 5-48　拖动控制点

效 果 篇

滤镜效果：丰富 多彩的滤镜效果

达芬奇是一款专业的影视调色剪辑软件，其英文 名称为 DaVinci Resolve，集视频调色、剪辑、合成、 音频以及字幕于一身，是常用的视频编辑软件之一。 本章将带领读者认识 DaVinci Resolve 18 的功能及 面板等内容。

新手重点索引

▶ 应用 Open FX 面板中的滤镜效果

▶ 使用抖音热门影调风格进行调色

效果图片欣赏

6.1 应用 Open FX 面板中的滤镜效果

滤镜是指可以应用到视频素材中的效果，它可以改变视频文件的外观和样式。对视频素材进行编辑时，通过视频滤镜不仅可以掩饰视频素材的瑕疵，还可以令视频产生绚丽的视觉效果，使制作出来的视频更具表现力。

在 DaVinci Resolve 18 中，用户可通过以下两种方法打开"效果"面板。

第一种是在"剪辑"步骤面板的左上角，单击"效果"按钮🎬，打开"效果"面板，展开 Open FX|"滤镜"选项面板即可，如图 6-1 所示。第二种是在"调色"步骤面板的右上角单击"效果"按钮🎬，即可展开效果"素材库"选项卡，如图 6-2 所示。

图 6-1　展开"滤镜"选项面板

图 6-2　单击"效果"按钮

在 Open FX 面板中提供了多种滤镜，按类别分组管理，如图 6-3 所示。

（a）"Resolve FX 修复"滤镜组

（b）"Resolve FX 光线"滤镜组

（c）"Resolve FX 变换"滤镜组

（d）"Resolve FX 扭曲"滤镜组

（e）"Resolve FX 抠像"和"Resolve FX 时域"滤镜组

（f）"Resolve FX 模糊"滤镜组

图 6-3　Open FX 面板中的滤镜组

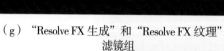

（g）"Resolve FX 生成"和"Resolve FX 纹理"
滤镜组

（h）"Resolve FX 美化"和"Resolve FX 色彩"
滤镜组

（i）"Resolve FX 锐化"滤镜组

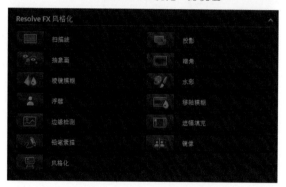

（j）"Resolve FX 风格化"滤镜组

图 6-3　Open FX 面板中的滤镜组（续）

6.1.1　制作镜头光斑视频效果

【效果展示】在 DaVinci Resolve 18 的"Resolve FX 光线"滤镜组中，应用"镜头光斑"滤镜可以在素材图像上制作一个小太阳特效，原图与效果对比如图 6-4 所示。

扫码看案例效果　扫码看教学视频

图 6-4　原图与效果对比展示

▶▶ 步骤 1　打开一个项目文件，在预览窗口中可以查看打开的项目效果，如图 6-5 所示。

▶▶ 步骤 2　切换至"调色"步骤面板，展开"效果"|"素材库"选项卡，在"Resolve FX 光线"滤镜组中选择"镜头光斑"滤镜效果，如图 6-6 所示。

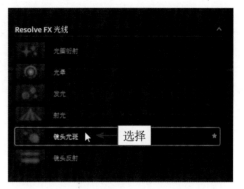

图 6-5　查看打开的项目效果　　　　图 6-6　选择"镜头光斑"滤镜效果

▶▶ 步骤 3　按住鼠标左键并将其拖动至"节点"面板的 01 节点上，释放鼠标左键，即可在调色提示区显示一个滤镜图标 ⓕ，表示添加的滤镜效果，如图 6-7 所示。

▶▶ 步骤 4　即可在预览窗口中查看添加的效果，如图 6-8 所示。

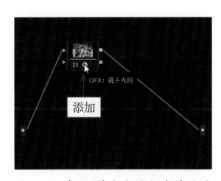

图 6-7　在 01 节点上添加滤镜效果　　　　图 6-8　查看添加的效果

▶▶ 步骤 5　在预览窗口中，选中添加的小太阳中心，按住鼠标左键的同时，将小太阳拖动至左上角，如图 6-9 所示。

▶▶ 步骤 6　将鼠标移至小太阳外面的白色光圈上，按住鼠标左键的同时向右下角拖动，增加太阳光的光晕发散范围，即可在预览窗口中查看制作的镜头光斑视频效果，如图 6-10 所示。

> 专家指点：在添加滤镜特效后，效果面板会自动切换至"设置"选项卡，用户可以在其中根据素材图像特征对添加的滤镜进行微调。

图 6-9　将小太阳拖动至左上角　　　　　　图 6-10　拖动白色光圈

6.1.2　制作人像变瘦视频效果

【效果展示】在 DaVinci Resolve 18 的"Resolve FX 扭曲"滤镜组中,应用"变形器"滤镜可以在人像图像上添加变形点,通过调整变形点将人像变瘦,原图与效果对比如图 6-11 所示。

扫码看案例效果　扫码看教学视频

▶▶ 步骤 1　打开一个项目文件,在预览窗口中可以查看打开的项目效果,如图 6-12 所示。

▶▶ 步骤 2　切换至"调色"步骤面板,展开"效果"|"素材库"选项卡,在"Resolve FX 扭曲"滤镜组中选择"变形器"滤镜效果,如图 6-13 所示。

▶▶ 步骤 3　按住鼠标左键并将其拖动至"节点"面板的 01 节点上,释放鼠标左键,即可在调色提示区显示一个滤镜图标 ,表示添加的滤镜效果,如图 6-14 所示。

▶▶ 步骤 4　在"检视器"面板上方,单击"增强检视器"按钮 ,即可扩大预览窗口,如图 6-15 所示。

▶▶ 步骤 5　将光标移至人物脸部边缘,单击添加一个变形点,如图 6-16 所示。

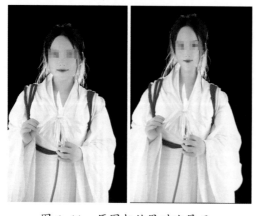

图 6-11　原图与效果对比展示

图 6-12　查看预览项目效果

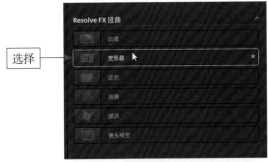

选择

图 6-13　选择"变形器"滤镜效果

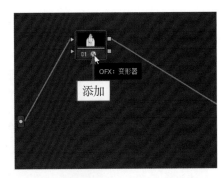

添加

图 6-14　在 01 节点上添加滤镜效果

单击

图 6-15　单击"增强检视器"按钮

添加

图 6-16　添加一个变形点

▶▶步骤6　然后在人物脸颊处添加第三个变形点，如图 6-17 所示。

▶▶步骤7　用相同的方法，在人物下颌、脖颈以及肩膀位置处添加变形点，拖动变形点进行微调，稍微收一点下巴并将脖子拉长一点，如图 6-18 所示。即可切换至"剪辑"步骤面板，在预览窗口中查看人像变瘦的最终效果。

添加

图 6-17　添加第三个变形点

调整

图 6-18　调整下巴及脖颈

6.1.3　制作人物磨皮视频效果

【效果展示】在 DaVinci Resolve 18 的"Resolve
FX 优化"滤镜组中，应用 Beauty 滤镜可以对人物图像进

扫码看案例效果　扫码看教学视频

行磨皮处理，去除人物皮肤上的瑕疵，使人物皮肤看起来更光洁、更亮丽，原图与效果对比如图 6-19 所示。

图 6-19　原图与效果对比展示

▶▷ 步骤1　打开一个项目文件，在预览窗口中可以查看打开的项目效果，画面中人物脸部有许多细小的斑点且牙齿偏黄，如图 6-20 所示。可以将其分成两部分进行处理，首先为人物皮肤磨皮去除斑点瑕疵，然后再对牙齿进行漂白处理。

▶▷ 步骤2　切换至"调色"步骤面板，展开"效果"|"素材库"选项卡，在"Resolve FX 美化"滤镜组中选择"美颜"滤镜效果，如图 6-21 所示。

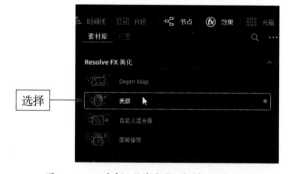

图 6-20　查看打开的项目效果　　　　图 6-21　选择"美颜"滤镜效果

▶▷ 步骤3　按住鼠标左键并将其拖动至"节点"面板的 01 节点上，释放鼠标左键，即可在调色提示区显示一个滤镜图标，表示添加的滤镜效果，如图 6-22 所示。

▶▷ 步骤4　切换至"设置"选项卡，如图 6-23 所示。

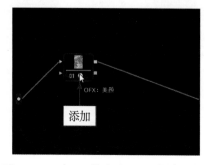

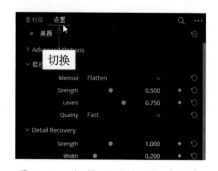

图 6-22　在 01 节点上添加滤镜效果　　　图 6-23　切换至"设置"选项卡

▶▶ 步骤5 拖动 Gamma 右侧的滑块至最右端，设置参数为最大值，如图 6-24 所示。

▶▶ 步骤6 在预览窗口中查看人物磨皮效果，如图 6-25 所示。

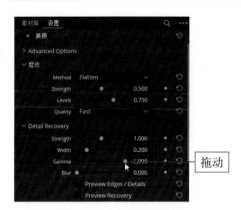

图 6-24 拖动滑块

图 6-25 查看人物磨皮效果

▶▶ 步骤7 在"节点"面板中添加一个编号为 02 的并行节点，如图 6-26 所示。

▶▶ 步骤8 单击"窗口"按钮◎，展开"窗口"面板，单击曲线"窗口激活"按钮✎，如图 6-27 所示。

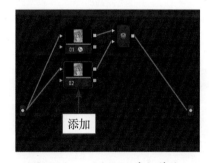

图 6-26 添加 02 并行节点

图 6-27 单击曲线"窗口激活"按钮

▶▶ 步骤9 在预览窗口中的图像上绘制一个窗口蒙版，如图 6-28 所示。

▶▶ 步骤10 展开"曲线 - 色相 对 饱和度"面板，单击黄色色块，如图 6-29 所示。

图 6-28 绘制一个窗口蒙版

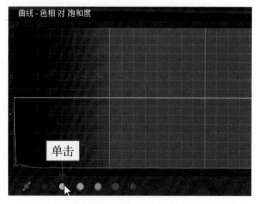

图 6-29 单击黄色色块

▶▶ 步骤 11 即可在曲线上添加三个控制点，选中中间的控制点，设置"输入色相"参数为 316.19、"饱和度"参数为 0.00，即可在预览窗口中查看最终的画面效果，如图 6-30 所示。

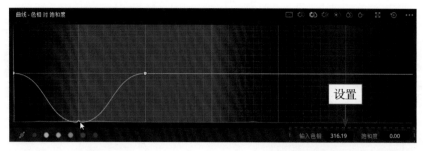

图 6-30　设置"输入色相""饱和度"参数

> 专家指点：本例视频素材采用静态画面，如果用户使用的视频素材为动态，需要在 03 节点上添加一个跟踪器，跟踪绘制的窗口。另外，如果用户觉得牙齿还不够白，可以在"色轮"面板中将"亮部"色轮中的白色圆圈往青蓝色方向拖动。

6.1.4　制作暗角艺术视频效果

【效果展示】在 DaVinci Resolve 18 中，用户可以应用风格化滤镜来实现，原图与效果对比如图 6-31 所示。

扫码看案例效果　扫码看教学视频

图 6-31　原图与效果对比展示

▶▶ 步骤 1 打开一个项目文件，在预览窗口中可以查看打开的项目效果，如图 6-32 所示。

▶▶ 步骤 2 切换至"调色"步骤面板，展开"效果"|"素材库"选项卡，在"Resolve FX 风格化"滤镜组中选择"暗角"滤镜效果，如图 6-33 所示。

▶▶ 步骤 3 按住鼠标左键并将其拖动至"节点"面板的 01 节点上，释放鼠标左键，即可在调色提示区显示一个滤镜图标 ，表示添加的滤镜效果，如图 6-34 所示。

▶▶ 步骤 4 切换至"设置"选项卡，设置"大小"参数为 0.456，如图 6-35 所示。在预览窗口中即可查看制作的暗角艺术视频效果。

图 6-32 查看打出的项目效果

图 6-33 选择"暗角"滤镜效果

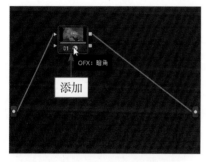

图 6-34 在 01 节点上添加滤镜效果

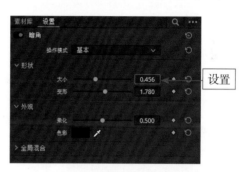

图 6-35 设置"大小"参数

6.1.5 制作复古色调视频效果

【效果展示】复古色调是一种比较怀旧的色调风格，稍微泛黄的图像画面，可以制作出一种电视画面回忆的效果。在 DaVinci Resolve 18 的"ResolveFX 纹理"滤镜组中，应用"胶片受损"和"胶片颗粒"滤镜可以实现复古色调视频效果的制作，原图与效果对比如图 6-36 所示。

扫码看案例效果　扫码看教学视频

图 6-36 原图与效果对比展示

▶▶ 步骤1 打开一个项目文件，在预览窗口中可以查看打开的项目效果，如图 6-37 所示。

▶▶ 步骤2 切换至"调色"步骤面板，在"节点"面板中选中 01 调色节点，如图 6-38 所示。

图 6-37 查看预览项目效果

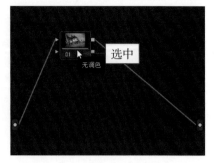

图 6-38 选中 01 调色节点

▶▶ 步骤3 展开"曲线-自定义"面板，选中高光控制点并向下拖动至合适位置，适当降低画面中的高光亮度，如图 6-39 所示。

▶▶ 步骤4 切换至"色轮"面板，设置"饱和度"参数为 100.00，降低画面中的色彩饱和度，如图 6-40 所示。

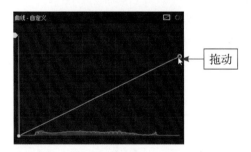

图 6-39 选中高光控制点并向下拖动

图 6-40 设置"饱和度"参数

▶▶ 步骤5 在预览窗口中查看降低高光亮度和饱和度的画面效果，如图 6-41 所示。

▶▶ 步骤6 切换至"节点"面板，在 01 节点上右击，在弹出的快捷菜单中选择"添加节点"|"添加串行节点"命令，如图 6-42 所示。

图 6-41 查看画面效果

图 6-42 选择"添加串行节点"命令

▶▶ 步骤 7　即可在"节点"面板中添加一个编号为02的串行节点，如图6-43所示。

▶▶ 步骤 8　在"效果"丨"素材库"选项卡的"Resolve FX 纹理"滤镜组中选择"胶片损坏"滤镜，如图6-44所示。

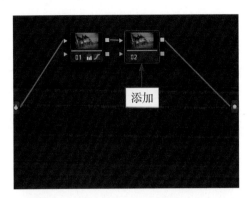

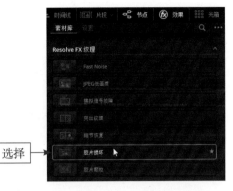

图6-43　添加02串行节点　　　　　　图6-44　选择"胶片受损"滤镜

▶▶ 步骤 9　按住鼠标左键并将其拖动至"节点"面板的02节点上，释放鼠标左键，即可在调色提示区显示一个滤镜图标，表示添加的滤镜效果，如图6-45所示。

▶▶ 步骤 10　在预览窗口中可以查看添加"胶片损坏"滤镜后的视频效果，如图6-46所示。

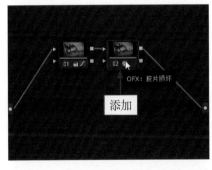

图6-45　在02节点上添加滤镜效果　　图6-46　查看添加"胶片损坏"滤镜后的视频效果

▶▶ 步骤 11　切换至"效果"丨"设置"选项卡，展开"添加划痕1"选项区，如图6-47所示。

▶▶ 步骤 12　取消勾选"启用"复选框，如图6-48所示。

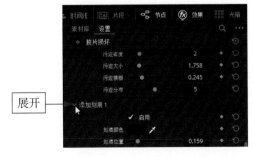

图6-47　展开"添加划痕1"选项区　　图6-48　取消勾选"启用"复选框

滤镜效果：丰富多彩的滤镜效果

▶▶步骤 13　即可取消视频画面中的黑色划痕，在预览窗口中可以查看消除划痕后的画面效果，如图 6-49 所示。

▶▶步骤 14　在"节点"面板中选中 02 节点，右击，在弹的出快捷菜单中选择"添加节点"|"添加串行节点"命令，即可在"节点"面板中添加一个编号为 03 的串行节点，如图 6-50 所示。

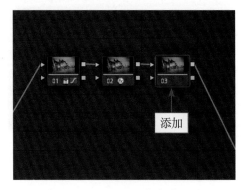

图 6-49　查看消除划痕后的画面效果　　　　图 6-50　添加 03 串行节点

▶▶步骤 15　在"效果"|"素材库"选项卡的"Resolve FX 纹理"滤镜组中选择"胶片颗粒"滤镜，如图 6-51 所示。

▶▶步骤 16　按住鼠标左键并将其拖动至"节点"面板的 03 节点上，释放鼠标左键，即可在调色提示区显示一个滤镜图标，表示添加的滤镜效果，如图 6-52 所示。

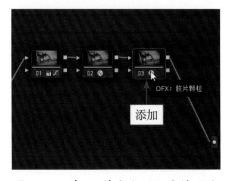

图 6-51　选择"胶片颗粒"滤镜　　　　图 6-52　在 03 节点上添加滤镜效果

▶▶步骤 17　切换至"效果"|"设置"选项卡，展开"颗粒参数"选项区，如图 6-53 所示。

▶▶步骤 18　向右拖动"颗粒强度"右侧的滑块，直至参数显示为 0.430，加强画面中的颗粒效果，如图 6-54 所示。在预览窗口中即可查看制作的复古色调视频效果。

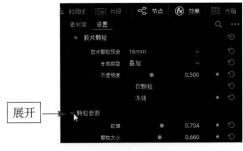

图 6-53 展开"颗粒参数"选项区　　　　图 6-54 设置"颗粒强度"参数

6.1.6 制作镜像翻转视频效果

【效果展示】当用户为素材添加视频滤镜后，如果发现某个滤镜未达到预期的效果，此时可将该滤镜效果进行替换操作，原图与效果对比如图 6-55 所示。

扫码看案例效果　扫码看教学视频

图 6-55 原图与效果对比展示

▶▶ 步骤 1 打开一个项目文件，如图 6-56 所示。

▶▶ 步骤 2 在预览窗口中查看打开的项目效果，如图 6-57 所示。

图 6-56 打开一个项目文件

图 6-57 查看打开的项目效果

▶▶ 步骤 3 切换至"调色"步骤面板，展开"效果"|"素材库"选项卡，在"Resolve FX 风格化"滤镜组中选择"边缘检测"滤镜效果，按住鼠标左键并将其拖动至"节点"面板的 01 节点上，释放鼠标左键，即可在调色提示区显示一个滤镜图标，表示添加的

滤镜效果，如图 6-58 所示。

▶▶ 步骤4 展开"效果"|"素材库"选项卡，在"Resolve FX 风格化"滤镜组中选择"镜像"滤镜效果，如图 6-59 所示。

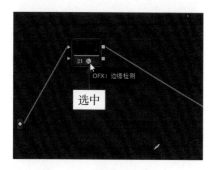

图 6-58 选中 01 节点

图 6-59 选择"镜像"滤镜效果

▶▶ 步骤5 按住鼠标左键并将其拖动至"节点"面板的 01 节点上，释放鼠标左键即可替换"边缘检测"滤镜效果，如图 6-60 所示。

▶▶ 步骤6 在预览窗口中选中中间的白色圆圈，如图 6-61 所示。

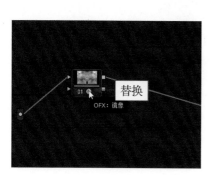

图 6-60 替换"边缘检测"滤镜效果

图 6-61 选中中间的白色圆圈

▶▶ 步骤7 向左旋转 180°，即可使图像从图像中间位置进行镜像翻转，如图 6-62 所示。切换至"剪辑"步骤面板，在预览窗口中查看最终效果。

图 6-62 向左旋转 180°

6.1.7 删除已添加的视频效果

【效果展示】如果用户对添加的滤镜效果不满意，可以将该视频滤镜删除。但是在 DaVinci Resolve 18 中，通过"剪辑"步骤面板添加的滤镜效果，只能在"剪辑"步骤面板中进行删除，同理，在"调色"步骤面板中添加的滤镜效果，也只能在"调色"步骤面板中删除，效果如图 6-63 所示。

扫码看案例效果　扫码看教学视频

图 6-63　删除已添加的视频效果展示

▶▶ 步骤1 打开一个项目文件，在"剪辑"步骤面板中为素材图像添加"铅笔素描"滤镜效果，在预览窗口可以查看项目效果，如图 6-64 所示。

▶▶ 步骤2 在"剪辑"步骤面板的右上角单击"检查器"按钮 ✖检查器，如图 6-65 所示。

图 6-64　查看项目效果

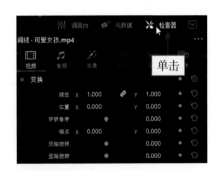

图 6-65　单击"检查器"按钮

▶▶ 步骤 3 在下方切换至"效果"选项卡，单击"删除"按钮🗑，即可删除"铅笔素描"滤镜效果，如图 6-66 所示。

▶▶ 步骤 4 切换至"调色"步骤面板，为 01 节点添加"抽象画"滤镜效果，选择 01 节点，右击，在弹出的快捷菜单中选择"移除 OFX 插件"命令，如图 6-67 所示，即可移除 01 节点上的"抽象画"滤镜效果，在预览窗口中查看移除滤镜后的画面效果。

图 6-66 单击"删除"按钮

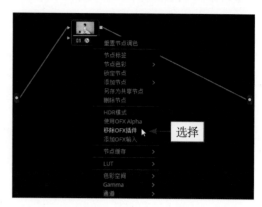

图 6-67 选择"移除 OFX 插件"命令

6.2 使用抖音热门影调风格进行调色

在影视作品成片中，不同的色调可以传达给观众不一样的视觉感受。通常可以从影片的色相、明度、冷暖、纯度四个方面来定义它的影调风格。本节主要介绍通过达芬奇调色软件制作几种抖音热门影调风格的操作方法。

6.2.1 制作清新自然视频效果

【效果展示】绿色表示青春、朝气、生机、清新等，在 DaVinci Resolve 18 中，用户可通过调整红、绿、蓝输出通道参数来制作清新自然的视频色调，原图与效果对比如图 6-68 所示。

扫码看案例效果　扫码看教学视频

图 6-68 原图与效果对比展示

▶▶ 步骤1 打开一个项目文件，在预览窗口中可以查看打开的项目效果，如图6-69所示，图像画面中的色调整体比较偏黄，需要提高图像中的绿色输出，制作出清新自然的绿色视频效果。

▶▶ 步骤2 切换至"调色"步骤面板，展开"RGB混合器"面板，拖动"绿色输出"颜色通道绿色控制条的滑块，直至参数显示为1.15，如图6-70所示。在预览窗口中查看制作的图像效果。

图6-69 打开一个项目文件

图6-70 拖动控制条滑块

6.2.2 制作美人如画视频效果

【效果展示】旗袍人像摄影越来越受年轻人的喜爱，在抖音App上，经常可以看到各类旗袍短视频。下面介绍在DaVinci Resolve 18中使用旗袍影调制作美人如画视频效果的操作方法，原图与效果对比如图6-71所示。

扫码看案例效果　扫码看教学视频

图6-71 原图与效果对比展示

▶▶ 步骤1 打开一个项目文件，在预览窗口中可以查看打开的项目效果，如图6-72所示。

▶▶ 步骤2 切换至"调色"步骤面板，在"节点"面板中选中01节点，如图6-73所示。

▶▶ 步骤3 在"检视器"面板中开启"突出显示"功能，切换至"限定器"面板，应用"拾取器"滴管工具，在预览窗口的图像上选取背景颜色，如图 6-74 所示，可以看到人物身上的旗袍也有少量颜色区域被选取了。

▶▷ 步骤4 展开"窗口"面板，单击曲线"窗口激活"按钮，如图 6-75 所示。

图 6-72 查看打开的项目效果

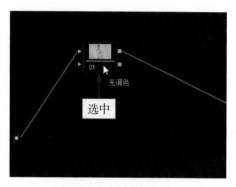

图 6-73 选中 01 节点

图 6-74 选取背景颜色

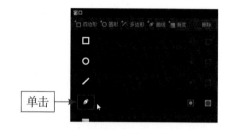

图 6-75 单击曲线"窗口激活"按钮

▶▷ 步骤5 在预览窗口中，在人物被选取的部分区域绘制一个窗口蒙版，如图 6-76 所示。

▶▷ 步骤6 在"窗口"面板中，单击"反向"按钮，如图 6-77 所示。

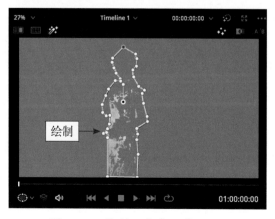

图 6-76 绘制一个窗口蒙版

图 6-77 单击"反向"按钮

▶▷ 步骤7 即可反向选取人物以外的背景颜色，如图 6-78 所示。

▶▷ 步骤8 展开"色轮"面板，选中"亮部"色轮中心的白色圆圈，按住鼠标左键的同时往橙黄色方向拖动，直至参数显示为（1.01、1.07、1.02、0.75）；然后选中"偏移"色轮中心的白色圆圈，按住鼠标左键的同时往橙黄色方向拖动，直至参数显示为（27.81、24.83、7.23），如图 6-79 所示。

图 6-78 反向选取

图 6-79 设置"亮部"和"偏移"参数

▶▷ 步骤9 在预览窗口中查看背景颜色调为淡黄色宣纸颜色的画面效果，如图 6-80 所示。

▶▷ 步骤10 在"节点"面板中添加一个编号为 02 的串行节点，如图 6-81 所示。

图 6-80 查看背景颜色调整效果

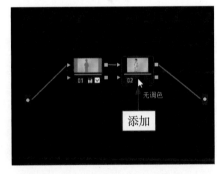

图 6-81 添加 02 串行节点

▶▷ 步骤11 展开"运动特效"面板，在"空域阈值"选项区中设置"亮度"和"色度"参数为 50.0，为图像画面降噪，如图 6-82 所示。

▶▷ 步骤12 在"节点"面板中添加一个编号为 03 的串行节点，如图 6-83 所示。

▶▷ 步骤13 在"检视器"面板中开启"突出显示"功能，切换至"限定器"面板，应用"拾取器"滴管工具，在预览窗口的图像上选取人物皮肤，如图 6-84 所示。

▶▷ 步骤14 在"限定器"面板的"蒙版优化"选项区中设置"降噪"参数为 40.0，如图 6-85 所示。

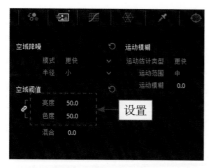

图 6-82　设置"亮度"和"色度"参数

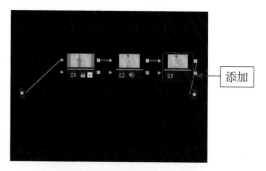

图 6-83　添加 03 串行节点

图 6-84　选取人物皮肤

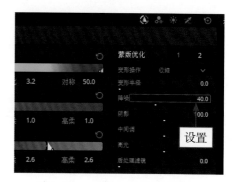

图 6-85　设置"降噪"参数

▶▷步骤 15　展开"曲线 – 自定义"面板，在曲线上添加一个控制点，并向上拖动控制点至合适位置，提高人物皮肤亮度，如图 6-86 所示。

▶▷步骤 16　在预览窗口中查看人物皮肤变白、变亮的画面效果，如图 6-87 所示。

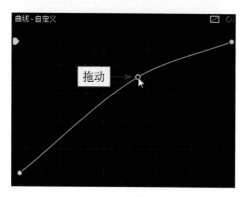

图 6-86　拖动控制点

图 6-87　查看人物皮肤调整效果

▶▷步骤 17　在"节点"面板中添加一个编号为 04 的串行节点，如图 6-88 所示。

▶▷步骤 18　展开"色轮"面板，设置"中间调细节"参数为 -100.00，如图 6-89 所示。即可减少画面中的细节质感，使人物与背景更贴合、融洽，在预览窗口中查看制作的视频画面效果。

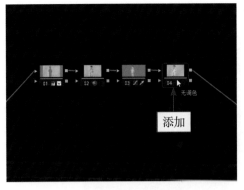

图 6-88 添加 04 串行节点

图 6-89 设置"中间调细节"参数

6.2.3 制作特艺影调风格效果

【效果展示】特艺色是 20 世纪 30 年代的一种彩色胶片色调，也是抖音上比较热门的一种经典复古影调风格。在 DaVinci Resolve 18 中，用户只需使用"RGB 混合器"功能，套用一个简单的公式即可调出特艺色影调风格效果，原图与效果对比如图 6-90 所示。

扫码看案例效果 扫码看教学视频

图 6-90 原图与效果对比展示

▶▶ 步骤 1 打开一个项目文件，在预览窗口中可以查看打开的项目效果，如图 6-91 所示。

▶▶ 步骤 2 切换至"调色"步骤面板，在"节点"面板中选中 01 节点，如图 6-92 所示。

图 6-91 打开一个项目文件

图 6-92 选中 01 节点

▶▷ 步骤3 单击"RGB混合器"按钮 🎨，展开"RGB混合器"面板，如图6-93所示。

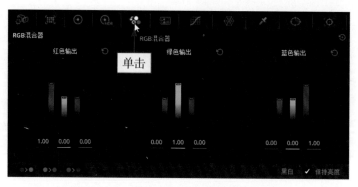

图6-93 单击"RGB混合器"按钮

▶▷ 步骤4 在"红色输出"通道中设置控制条参数为（1.51、-0.24、0.03），如图6-94所示。

▶▷ 步骤5 在"绿色输出"通道中设置控制条参数为（-0.11、1.14、0.26），如图6-95所示。

▶▷ 步骤6 在"蓝色输出"通道中设置控制条参数为（-0.78、0.82、1.93），如图6-96所示。在预览窗口中查看视频效果。

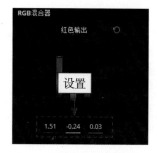
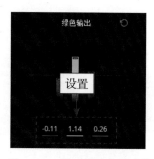

图6-94 设置"红色输出"　　图6-95 设置"绿色输出"　　图6-96 设置"蓝色输出"
通道参数　　　　　　　通道参数　　　　　　　通道参数

专家指点：特艺色影调风格调整公式如下：
• 在"红色输出"通道中，红色控制条参数保持不变，降低绿色控制条一半参数值、增加蓝色控制条一半参数值。
• 在"绿色输出"通道中，绿色控制条参数保持不变，降低红色控制条一半参数值、增加蓝色控制条一半参数值。
• 在"蓝色输出"通道中，蓝色控制条参数保持不变，降低红色控制条一半参数值、增加绿色控制条一半参数值。

第**7**章

字幕效果：为
视频添加字幕
效果

　　标题字幕在视频编辑中是不可或缺的，它是影片
中的重要组成部分。在影片中加入一些说明性的文字，
能够有效地帮助观众理解影片的含义。本章主要介绍
制作视频标题字幕效果的各种方法，帮助大家轻松制
作出各种精美的标题字幕效果。

新手重点索引

▶ 设置标题字幕属性

▶ 制作动态标题字幕效果

效果图片欣赏

7.1 设置标题字幕属性

字幕制作在视频编辑中是一种重要的艺术手段，好的标题字幕不仅可以传达画面以外的信息，还可以增强影片的艺术效果。DaVinci Resolve 18 提供了便捷的字幕编辑功能，可以使用户在短时间内制作出专业的标题字幕效果。为了让字幕的整体效果更加具有吸引力和感染力，因此需要用户对字幕属性进行精心调整。本节将介绍字幕属性的作用与调整的技巧。

7.1.1 为视频添加标题字幕

【效果展示】在 DaVinci Resolve 18 中，标题字幕有两种添加方式：一种是通过"效果"|"字幕"选项卡进行添加，另一种是在"时间线"面板的字幕轨道上添加。下面介绍为视频添加标题字幕的操作方法，原图与效果对比如图 7-1 所示。

扫码看案例效果　扫码看教学视频

▶▶ 步骤1 打开一个项目文件，进入"剪辑"步骤面板，如图 7-2 所示。

▶▶ 步骤2 在预览窗口中可以查看打开的项目效果，如图 7-3 所示。

图 7-1 原图与效果对比展示

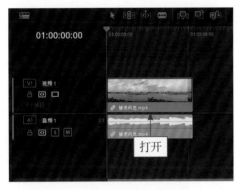

图 7-2 打开一个项目文件　　　　　图 7-3 查看打开的项目效果

▶▷步骤3　在"剪辑"步骤面板的左上角，单击"效果"按钮，如图 7-4 所示。

▶▷步骤4　在"媒体池"面板下方展开"效果"面板，单击"工具箱"下拉按钮
，展开选项列表，选择"标题"选项，展开"标题"选项面板，如图 7-5 所示。

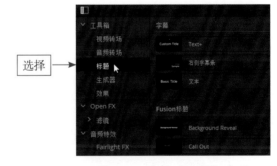

图 7-4 单击"效果"按钮　　　　　图 7-5 选择"标题"选项

▶▷步骤5　在选项面板的"字幕"选项区中选择"文本"选项，如图 7-6 所示。

▶▷步骤6　按住鼠标左键将"文本"字幕样式拖动至 V1 轨道上方，"时间线"面
板会自动添加一条 V2 轨道，在合适位置处释放鼠标左键，即可在 V2 轨道上添加一个标
题字幕文件，如图 7-7 所示。

▶▷步骤7　在预览窗口中可以查看添加的字幕文件，如图 7-8 所示。

▶▷步骤8　双击添加的"文本"字幕，展开"检查器"|"标题"选项卡，如图 7-9
所示。

图 7-6　选择"文本"选项

图 7-7　在 V2 轨道上添加一个字幕文件

图 7-8　查看添加的字幕文件

图 7-9　展开"标题"选项卡

▶▷步骤 9　在"多信息文本"下方的编辑框中输入文字"游览"，如图 7-10 所示。

▶▷步骤 10　在面板下方设置"位置"X 值为 1521.000、Y 值为 247.000，如图 7-11 所示。

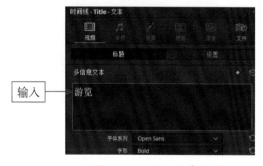

图 7-10　输入文字内容

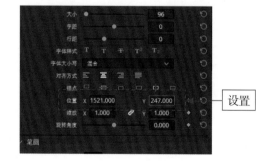

图 7-11　设置"位置"参数

▶▷步骤 11　在"时间线"面板的空白位置处右击，在弹出的快捷菜单中选择"添加字幕轨道"命令，如图 7-12 所示。

▶▷步骤 12　即可在"时间线"面板中添加一条字幕轨道，在字幕轨道的空白位置处右击，在弹出的快捷菜单中选择"添加字幕"命令，如图 7-13 所示。

▶▷步骤 13　在字幕轨道中即可添加一个字幕文件，如图 7-14 所示。

▶▷步骤 14　在预览窗口中可以查看添加第二个字幕文件的效果，如图 7-15 所示。

图 7-12　选择"添加字幕轨道"命令

图 7-13　选择"添加字幕"命令

图 7-14　添加一个字幕文件

图 7-15　查看添加第二个字幕文件的效果

▶▷步骤 15　切换至"检查器"|"字幕"选项卡，如图 7-16 所示。

▶▷步骤 16　在下方的编辑框中输入文字内容"城市风光"，如图 7-17 所示。

图 7-16　切换至"字幕"选项卡

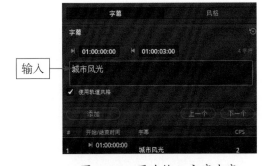

图 7-17　再次输入文字内容

▶▷步骤 17　在文本框下方取消勾选"使用轨道风格"复选框，如图 7-18 所示。

▶▷步骤 18　展开"字幕风格"选项区，在下方设置"位置"X 值为 1728.000、Y 值为 108.000，如图 7-19 所示。在预览窗口查看制作的视频标题效果。

专家指点：在"使用轨道风格"复选框的下方单击"添加"按钮，即可添加一个新的标题字幕文件，并将前一个标题文件覆盖。

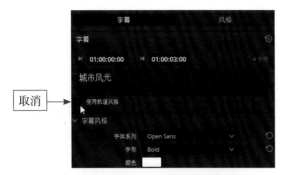

图 7-18　取消勾选"使用轨道风格"复选框　　图 7-19　设置"位置"参数

7.1.2　更改标题的区间长度

在 DaVinci Resolve 18 中，当用户在轨道面板中添加相应的标题字幕后，可以调整标题的时间长度，以控制标题文本的播放时间。下面介绍更改标题区间长度的方法。

扫码看案例效果　扫码看教学视频

▶▶ 步骤1　打开上一例中的效果文件，如图 7-20 所示。

图 7-20　打开上一例中的效果文件

▶▶ 步骤2　选中 V2 轨道中的字幕文件，将鼠标移至字幕文件的末端，按住鼠标左键并向右拖动至合适位置后释放鼠标左键，即可调整字幕的区间时长，如图 7-21 所示。

▶▶ 步骤3　双击字幕轨道中的字幕文件，切换至"检查器"|"字幕"选项卡，选中第二个时长文本框，如图 7-22 所示。

图 7-21　调整字幕区间时长　　　　　　图 7-22　选中第二个时长文本框

▶▶ 步骤 4 修改字幕时长为 01：00：06：09，如图 7-23 所示。

▶▶ 步骤 5 在"时间线"面板中即可查看更改时长后标题字幕的区间长度，如图 7-24 所示。

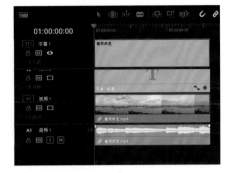

图 7-23 修改字幕时长   图 7-24 查看更改时长后标题字幕的区间长度

7.1.3 更改标题字幕的字体

【效果展示】在 DaVinci Resolve 18 中提供了多种字体，让用户能够制作出贴合心意的影视作品，原图与效果对比如图 7-25 所示。

扫码看案例效果 扫码看教学视频

图 7-25 原图与效果对比展示

▶▶ 步骤 1 打开一个项目文件，进入"剪辑"步骤面板，如图 7-26 所示。

▶▶ 步骤 2 在预览窗口中可以查看打开的项目效果，如图 7-27 所示。

图 7-26 打开一个项目文件   图 7-27 查看打开的项目效果

▶▶ 步骤3 双击 V2 轨道中的字幕文件，展开"检查器"Ⅰ"标题"选项卡，单击"字体系列"右侧的下拉按钮，选择"隶书"选项，如图 7-28 所示。即可更改标题字幕的字体，在预览窗口中查看更改的字幕效果。

图 7-28   选择"隶书"选项

专家指点：DaVinci Resolve 18 软件中所使用的字体，本身只是 Windows 系统的一部分，在 DaVinci Resolve 18 中可以使用的字体类型取决于用户在 Windows 系统中安装的字体，如果要在 DaVinci Resolve 18 中使用更多的字体，就需要在系统中添加字体。

7.1.4 更改标题字号的大小

【效果展示】字号是指文本的大小，不同的字号大小对视频的美观程度有一定的影响。下面介绍在 DaVinci Resolve 18 中更改标题字号大小的操作方法，原图与效果对比如图 7-29 所示。

扫码看案例效果   扫码看教学视频

图 7-29   原图与效果对比展示

▶▶ 步骤1 打开一个项目文件，进入"剪辑"步骤面板，如图 7-30 所示。

▶▶ 步骤2 在预览窗口中可以查看打开的项目效果，如图 7-31 所示。

▶▶ 步骤3 双击 V2 轨道中的字幕文件，展开"检查器"Ⅰ"标题"选项卡，设置"大小"参数为 101，如图 7-32 所示。即可更改标题字幕的字号大小，在预览窗口中查看更改的字幕效果。

图 7-30 打开一个项目文件

图 7-31 查看打开的项目效果

图 7-32 设置"大小"参数

专家指点：当标题字幕的间距比较小时，用户可以通过拖动"字距"右侧的滑块或在"字距"右侧的文本框中输入参数来调整标题字幕中的字间距。

7.1.5 更改标题字幕的颜色

【效果展示】在 DaVinci Resolve 18 中，用户可根据素材与标题字幕的匹配程度，更改标题字体的颜色效果，给字体添加相匹配的颜色，让制作的影片更加具有观赏性，原图与效果对比如图 7-33 所示。

扫码看案例效果　扫码看教学视频

图 7-33 原图与效果对比展示

▶▶ 步骤 1 打开一个项目文件，进入"剪辑"步骤面板，如图 7-34 所示。

▶▶ 步骤 2 在预览窗口中可以查看打开的项目效果，如图 7-35 所示。

图 7-34　打开一个项目文件

图 7-35　查看打开的项目效果

▶▶ 步骤 3　双击 V2 轨道中的字幕文件，展开"检查器"丨"标题"选项卡，单击"颜色"右侧的色块，如图 7-36 所示。

▶▶ 步骤 4　弹出"选择颜色"对话框，在"基本颜色"选项区中，选择第二排第二个颜色色块，如图 7-37 所示，单击 OK 按钮，返回"标题"选项卡。更改标题字幕的字体颜色后，在预览窗口中可以查看更改后的字幕效果。

图 7-36　单击"颜色"色块

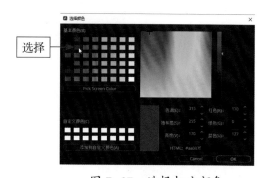

图 7-37　选择相应颜色

7.1.6　为标题字幕添加边框

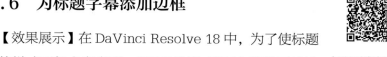

【效果展示】在 DaVinci Resolve 18 中，为了使标题字幕的样式更加丰富多彩，用户可以为标题字幕设置描边效果。下面介绍为标题字幕添加边框的操作方法，原图与效果对比如图 7-38 所示。

扫码看案例效果　扫码看教学视频

图 7-38　原图与效果对比展示

▶▶ 步骤 1　打开一个项目文件，进入"剪辑"步骤面板，如图 7-39 所示。

▶▶ 步骤 2　在预览窗口中可以查看打开的项目效果，如图 7-40 所示。

图 7-39　打开一个项目文件

图 7-40　查看打开的项目效果

▶▶ 步骤3　双击 V2 轨道中的字幕文件，展开"检查器"丨"标题"选项卡，在"笔画"选项区中单击"色彩"色块，如图 7-41 所示。

▶▶ 步骤4　弹出"选择颜色"对话框，在"基本颜色"选项区中选择白色色块（最后一排的最后一个色块），如图 7-42 所示。

图 7-41　单击"色彩"色块

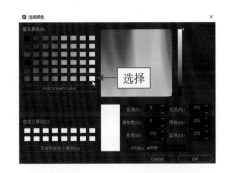

图 7-42　选择白色色块

专家指点：打开"选择颜色"对话框，用户可以通过四种方式应用色彩色块。

· 在"基本颜色"选项区中选择需要的色块。

· 在右侧的色彩选取框中选取颜色。

· 在"自定义颜色"选项区中添加用户常用的或喜欢的颜色，选择需要的颜色色块即可。

· 通过修改"红色""绿色""蓝色"等参数值来定义颜色色域。

▶▶ 步骤5　单击 OK 按钮，返回"标题"选项卡，在"笔画"选项区中，按住鼠标左键拖动"大小"右侧的滑块，直至参数显示为 4，释放鼠标左键，如图 7-43 所示。即可为标题字幕添加笔画边框，在预览窗口中查看更改后的字幕效果。

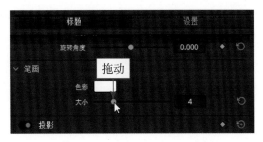

图 7-43　设置"大小"参数

7.1.7 强调或突出显示字幕

【效果展示】在项目文件的制作过程中，如果需要强调或突出显示字幕文本，此时可以设置字幕的阴影效果。下面介绍制作突出字幕阴影效果的操作方法，原图与效果对比如图 7-44 所示。

扫码看案例效果　扫码看教学视频

图 7-44　原图与效果对比展示

▶▶ 步骤1　打开一个项目文件，进入"剪辑"步骤面板，如图 7-45 所示。

▶▶ 步骤2　在预览窗口中可以查看打开的项目效果，如图 7-46 所示。

图 7-45　打开一个项目文件　　　　图 7-46　查看打开的项目效果

▶▶ 步骤3　双击 V2 轨道中的字幕文件，展开"检查器" | "标题"选项卡，在"投影"选项区中，单击"色彩"色块，如图 7-47 所示。

▶▶ 步骤4　弹出"选择颜色"对话框，设置"红色"参数为 255、"绿色"参数为 228、"蓝色"参数为 212，如图 7-48 所示。

▶▶ 步骤5　单击 OK 按钮，返回"标题"选项卡，在"投影"选项区中设置"偏移"X 参数为 18.000、Y 参数为 2.000，如图 7-49 所示。

▶▶ 步骤6　在下方向右拖动"不透明度"右侧的滑块，直至参数显示为 100，设置"投影"为完全显示，如图 7-50 所示。即可为标题字幕制作投影效果，在预览窗口中查看更改后的字幕效果。

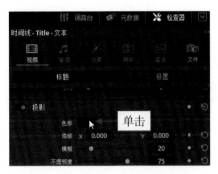

图 7-47　单击"色彩"色块

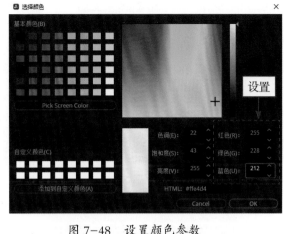

图 7-48　设置颜色参数

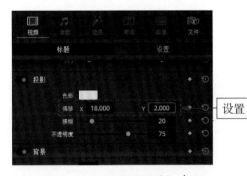

图 7-49　设置"偏移"参数

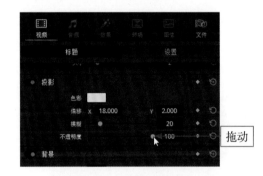

图 7-50　拖动滑块

7.1.8　设置标题文本背景色

【效果展示】在 DaVinci Resolve 18 中，用户可以根据需要设置标题字幕的背景颜色，使字幕更加显眼，原图与效果对比如图 7-51 所示。

扫码看案例效果　扫码看教学视频

图 7-51　原图与效果对比展示

▶▶ 步骤 1　打开一个项目文件，进入"剪辑"步骤面板，如图 7-52 所示。

▶▶ 步骤 2　在预览窗口中可以查看打开的项目效果，如图 7-53 所示。

图 7-52　打开一个项目文件　　　　　　图 7-53　查看打开的项目效果

▶▶ 步骤 3　双击 V2 轨道中的字幕文件，展开"检查器"丨"标题"选项卡，在"背景"选项区中单击"色彩"色块，如图 7-54 所示。

▶▶ 步骤 4　弹出"选择颜色"对话框，在"基本颜色"选项区中选择最后一排倒数第二个颜色色块，如图 7-55 所示。

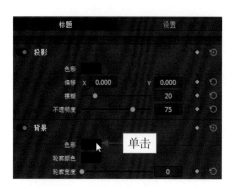

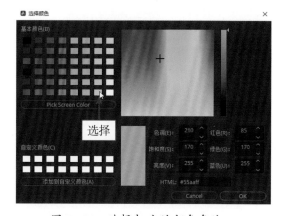

图 7-54　单击"色彩"色块　　　　　　图 7-55　选择相应的颜色色块

▶▶ 步骤 5　单击 OK 按钮，返回"标题"选项面板，在"背景"选项区中拖动"轮廓宽度"右侧的滑块，如图 7-56 所示，设置"轮廓宽度"参数为 5。

▶▶ 步骤 6　设置"宽度"参数为 0.336、"高度"参数为 0.183，如图 7-57 所示。

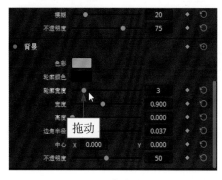

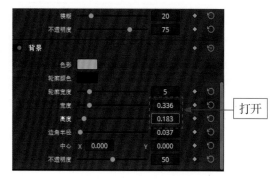

图 7-56　拖动"轮廓宽度"右侧的滑块　　　图 7-57　设置"宽度"和"高度"参数

▶▶ 步骤 7　在下方按住鼠标左键向左拖动"边角半径"右侧的滑块，直至参数显示为 0.000, 释放鼠标左键, 如图 7-58 所示。即可为标题字幕添加标题背景, 在预览窗口中查看更改后的字幕效果。

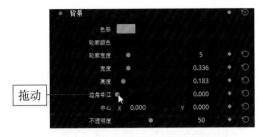

图 7-58　设置"边角半径"参数

在 DaVinci Resolve 18 中为标题字幕设置文本背景时, 用户需要掌握了解以下几点。

❶ 在默认状态下, 背景"高度"参数显示为 0.000 时, 无论"宽度"参数设置为多少, 预览窗口中都不会显示文本背景, 只有当"宽度"和"高度"参数值均大于 0.000 时, 预览窗口中的文本背景才会显示。

❷ "边角半径"可以设置文本背景的四个角呈圆角显示, 当"边角半径"参数为默认值 0.037 时, 四个角呈矩形圆角显示, 效果如图 7-59 所示; 当"边角半径"参数为最大值 1.000 时, 矩形呈横向椭圆形状, 效果如图 7-60 所示。

图 7-59　"边角半径"参数为默认值时
　　　　 呈现效果

图 7-60　"边角半径"参数为最大值时
　　　　 呈现效果

❸ 设置"居中"X 和 Y 的参数, 可以调整文本背景的位置。

❹ 当"不透明度"参数显示为 0 时, 文本背景颜色显示为透明; 当"不透明度"参数显示为 100 时, 文本背景颜色则会完全显示, 并覆盖所在位置下的视频画面。

❺ "轮廓宽度"最大值是 30, 当参数设置为 0 时, 文本背景上的轮廓边框不会显示。

7.2　制作动态标题字幕效果

在影片中创建标题后, 在 DaVinci Resolve 18 中还可以为标题制作字幕运动效果, 可以使影片更具有吸引力和感染力。本节主要介绍制作多种字幕动态效果的操作方法, 增强字幕的艺术档次。

7.2.1 制作字幕淡入淡出运动效果

【效果展示】淡入淡出是指标题字幕以淡入淡出的方式显示或消失的动画效果。下面主要介绍制作淡入淡出字幕运动效果的操作方法，希望读者可以熟练掌握，效果如图 7-61 所示。

扫码看案例效果　扫码看教学视频

图 7-61　淡入淡出效果展示

▶▶ 步骤 1　打开一个项目文件，在预览窗口中可以查看打开的项目效果，如图 7-62 所示。

▶▶ 步骤 2　在"时间线"面板中选择 V2 轨道中添加的字幕文件，如图 7-63 所示。

图 7-62　查看打开的项目效果　　　图 7-63　选择添加的字幕文件

▶▶ 步骤 3　在"检查器"面板中单击"视频"选项卡，切换至"设置"选项卡，如图 7-64 所示。

▶▶ 步骤 4　在"合成"选项区中拖动"不透明度"右侧的滑块，直至参数显示为 0.00，如图 7-65 所示。

▶▶ 步骤 5　单击"不透明度"参数右侧的关键帧按钮 ◆，添加第一个关键帧，如图 7-66 所示。

▶▶ 步骤 6　在"时间线"面板中将"时间指示器"拖动至 01:00:01:03 位置处，如图 7-67 所示。

图 7-64　单击"视频"选项卡

图 7-65　拖动"不透明度"右侧的滑块

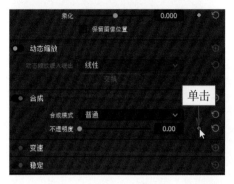

图 7-66　单击"不透明度"参数右侧的关键帧按钮

图 7-67　拖动"时间指示器"

▶▶ 步骤7　在"检查器"|"视频"选项卡中设置"不透明度"参数为 100.00，即可自动添加第二个关键帧，如图 7-68 所示。

▶▶ 步骤8　在"时间线"面板中将"时间指示器"拖动至 01:00:04:04 位置处，如图 7-69 所示。

图 7-68　设置"不透明度"参数

图 7-69　拖动"时间指示器"

▶▶ 步骤9　在"检查器"|"视频"选项卡中，单击"不透明度"右侧的关键帧按钮，添加第三个关键帧，如图 7-70 所示。

▶▶ 步骤10　在"时间线"面板中将"时间指示器"拖动至 01:00:04:16 位置处，如图 7-71 所示。

▶▶ 步骤11　在"检查器"|"视频"选项卡中，再次向左拖动"不透明度"滑块，设置

"不透明度"参数为 0.00，即可自动添加第四个关键帧，如图 7-72 所示。在预览窗口中可以查看字幕淡入淡出动画效果。

图 7-70　单击"不透明度"右侧的关键帧按钮

图 7-71　拖动"时间指示器"

图 7-72　向左拖动"不透明度"滑块

7.2.2　制作字幕放大突出运动效果

【效果展示】在 DaVinci Resolve 18"检查器"|"视频"选项卡中，开启"动态缩放"功能，可以设置"时间线"面板中的素材画面放大或缩小的运动效果。"动态缩放"功能在默认状态下为缩小运动效果，用户可通过单击"切换"按钮，转换为放大运动效果，如图 7-73 所示。

扫码看案例效果

扫码看教学视频

图 7-73　字幕放大突出效果展示

▶▶ 步骤1　打开一个项目文件，在预览窗口中可以查看打开的项目效果，如图 7-74 所示。

▶▶步骤2 在"时间线"面板中选择 V2 轨道中添加的字幕文件，如图 7-75 所示。

图 7-74　查看打开的项目效果

图 7-75　选择添加的字幕文件

▶▶步骤3 切换至"检查器"|"设置"选项卡，单击"动态缩放"按钮■，如图 7-76 所示。

▶▶步骤4 即可开启"动态缩放"功能区域，在下方单击"交换"按钮，如图 7-77 所示。在预览窗口中可以查看字幕放大突出动画效果。

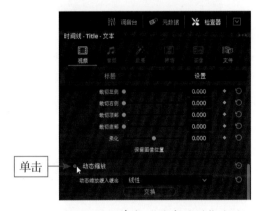

图 7-76　单击"动态缩放"按钮

图 7-77　单击"交换"按钮

7.2.3　制作字幕逐字显示运动效果

【效果展示】在 DaVinci Resolve 18 的"检查器"|"视频"选项卡中，用户可以在"裁切"选项区中，通过调整相应的参数制作字幕逐字显示的动画效果，效果如图 7-78 所示。

扫码看案例效果　扫码看教学视频

▶▶步骤1 打开一个项目文件，在预览窗口中可以查看打开的项目效果，如图 7-79 所示。

▶▶步骤2 在"时间线"面板中选择 V2 轨道中添加的字幕文件，如图 7-80 所示。

图 7-78　字幕逐字显示效果展示

图 7-79　查看打开的项目效果

图 7-80　选择添加的字幕文件

▶▶ 步骤3　打开"检查器"|"设置"选项卡，在"裁切"选项区中拖动"裁切右侧"滑块至最右端，设置"裁切右侧"参数为最大值，如图 7-81 所示。

▶▶ 步骤4　单击"裁切右侧"关键帧按钮◆，添加第一个关键帧，如图 7-82 所示。

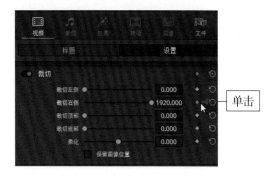

图 7-81　拖动"裁切右侧"滑块至最右端　　图 7-82　单击"裁切右侧"关键帧按钮

▶▶ 步骤5　在"时间线"面板中将"时间指示器"拖动至 01:00:04:10 位置处，如图 7-83 所示。

▶▶ 步骤6　在"检查器"|"视频"选项卡的"裁切"选项区中，拖动"裁切右侧"滑块至最左端，设置"裁切右侧"参数为最小值，即可自动添加第二个关键帧，如图 7-84 所示。在预览窗口中可以查看字幕逐字显示动画效果。

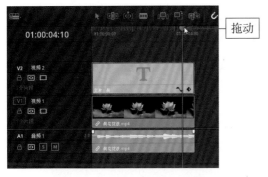

图 7-83 拖动"时间指示器"

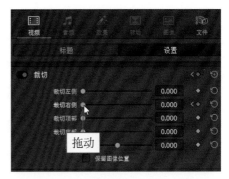

图 7-84 拖动"裁切右侧"滑块至最左端

7.2.4 制作字幕旋转飞入运动效果

【效果展示】在 DaVinci Resolve 18 中，通过设置"旋转角度"参数，可以制作出字幕旋转飞入动画效果，如图 7-85 所示。

扫码看案例效果　扫码看教学视频

图 7-85 字幕旋转飞入效果展示

▶▶ 步骤1 打开一个项目文件，在预览窗口中可以查看打开的项目效果，如图 7-86 所示。

▶▶ 步骤2 在"时间线"面板中选择 V2 轨道中添加的字幕文件，拖动"时间指示器"至 01:00:10:02 位置处，如图 7-87 所示。

图 7-86 查看打开的项目效果

图 7-87 选择添加的字幕文件

▷▷ 步骤 3 打开"检查器"|"标题"选项卡,单击"位置""缩放""旋转角度"右侧的关键帧按钮,添加第一组关键帧,如图 7-88 所示。

▷▷ 步骤 4 将"时间指示器"移至开始位置处,在"检查器"|"文本"选项卡中设置"位置"X 参数为 520.999、Y 参数为 125.000,设置"缩放"X 参数为 0.640、Y 参数为 0.640,"旋转角度"参数为 -360.000,如图 7-89 所示。在预览窗口中可以查看字幕旋转飞入动画效果。

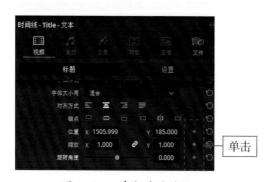

图 7-88　单击关键帧按钮

图 7-89　设置"位置""缩放""旋转角度"参数

> 专家指点:本例为了效果的美观度,除了调整字幕旋转的角度外,还设置字幕的开始位置和结束位置的关键帧,并调整字幕的"缩放"参数,使字幕呈现从画面左上角旋转放大飞入字幕的最终效果。除了在"检查器"|"标题"选项卡中可以设置旋转飞入运动效果,用户还可以在"检查器"|"视频"选项卡的"变换"选项区中进行同样的操作,制作字幕旋转飞入运动效果。

7.2.5　制作电影落幕职员表滚屏效果

【效果展示】在影视画面中,当一部影片播放完毕后,在片尾处通常会播放这部影片的演员、制片人、导演等信息,效果如图 7-90 所示。

扫码看案例效果　扫码看教学视频

图 7-90　制作电影落幕职员表滚屏效果展示

▷▷ 步骤 1 打开一个项目文件,进入"剪辑"步骤面板,如图 7-91 所示。

▷▷ 步骤 2 在预览窗口中可以查看打开的项目效果,如图 7-92 所示。

▷▷ 步骤 3 展开"标题"|"字幕"选项面板,选择"滚动"选项,如图 7-93 所示。

▶▶ 步骤 4 将"滚动"字幕样式添加至"时间线"面板的 V2 轨道上，调整字幕时长，如图 7-94 所示。

图 7-91 打开一个项目文件

图 7-92 查看打开的项目效果

图 7-93 选择"滚动"选项

图 7-94 调整字幕时长

▶▶ 步骤 5 双击添加"文本"字幕，展开"检查器"|"标题"选项卡，在"标题"下方的编辑框中输入滚屏字幕内容，如图 7-95 所示。

▶▶ 步骤 6 在"格式化"选项区中设置相应字体、"大小"为 45、"对齐方式"为居中，如图 7-96 所示。

图 7-95 输入滚屏字幕内容

图 7-96 设置"对齐方式"为居中

▶▶ 步骤 7 在"背景"选项区中设置"宽度"参数为 0.244、"高度"参数为 1.038，如图 7-97 所示。

▶▷ 步骤8 在下方拖动"边角半径"右侧的滑块，设置"边角半径"参数为 0.000，如图 7-98 所示。在预览窗口中可以查看字幕滚屏动画效果。

图 7-97 设置"宽度"和"高度"参数

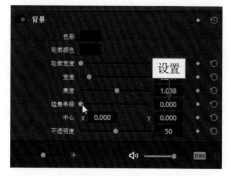

图 7-98 设置"边角半径"参数

第 **8** 章

转场效果：设置
酷炫的转场效果

在影视后期特效制作中，镜头之间的过渡或者素
材之间的转换称为转场，它是使用一些特殊的效果，
在素材与素材之间产生自然、流畅和平滑的过渡。本
章主要介绍制作视频转场效果的操作方法。

▶ 了解转场效果 ▶ 替换与移动转场效果
▶ 制作视频转场画面效果

效果图片欣赏

8.1 了解转场效果

从某种角度来说，转场就是一种特殊的滤镜效果，它可以在两个图像或视频素材之间创建某种过渡效果，使视频更具有吸引力。运用转场效果，可以制作出让人赏心悦目的视频画面。本节主要介绍转场效果的基础知识以及认识"视频转场"选项面板等内容。

8.1.1 了解硬切换与软切换

在视频后期编辑工作中，素材与素材之间的连接称为切换。最常用的切换方法是一个素材与另一个素材紧密连接在一起，使其直接过渡，这种方法称为"硬切换"；另一种方法称为"软切换"，它使用了一些特殊的视频过渡效果，从而保证了各个镜头片段的视觉连续性，如图 8-1 所示。

专家指点： "转场"是很实用的一种功能，在影视片段中，这种"软切换"的转场方式运用比较多，希望读者可以熟练掌握此方法。

图 8-1 "软切换"转场效果

8.1.2 认识"视频转场"选项面板

在 DaVinci Resolve 18 中，提供了多种转场效果，都存放在"视频转场"面板中，如图 8-2 所示。合理地运用这些转场效果，可以让素材之间过渡更加生动、自然，从而制作出绚丽多姿的视频作品。

（a）"叠化"转场组

（b）"光圈"转场组

（c）"运动"和"形状"转场组

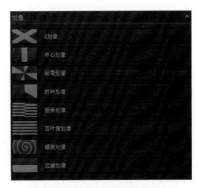

（d）"划像"转场组

图 8-2 "视频转场"面板中的转场组

（e）"Fusion"转场组

（f）"Resolve FX"转场组

图 8-2 "视频转场"面板中的转场组（续）

8.2 替换与移动转场效果

本节主要介绍编辑转场效果的操作方法，主要包括替换转场、移动转场、删除转场效果以及添加转场边框等内容。

8.2.1 替换需要的转场效果

【效果展示】在 DaVinci Resolve 18 中，如果用户对当前添加的转场效果不满意，可以对转场效果进行替换操作，使素材画面更加符合用户的需求，效果如图 8-3 所示。

扫码看案例效果　扫码看教学视频

图 8-3 替换需要的转场效果

▶▷ 步骤 1 打开一个项目文件，进入"剪辑"步骤面板，如图 8-4 所示。

▶▷ 步骤 2 在预览窗口中可以查看打开的项目效果，如图 8-5 所示。

图 8-4 打开一个项目文件

图 8-5 查看打开的项目效果

▶▷ 步骤 3 在"剪辑"步骤面板的左上角单击"效果"按钮🪄，如图 8-6 所示。

▶▷ 步骤 4 在"媒体池"面板下方展开"效果"面板，单击"工具箱"左侧的下拉按钮❯，如图 8-7 所示。

图 8-6 单击"效果"按钮

图 8-7 单击"工具箱"下拉按钮

▶▷ 步骤 5 展开"工具箱"选项列表，选择"视频转场"选项，如图 8-8 所示。

▶▷ 步骤 6 在"叠化"转场组中选择"平滑剪接"转场效果，如图 8-9 所示。

图 8-8 选择"视频转场"选项

图 8-9 选择"平滑剪接"转场效果

▶▷ 步骤 7 按住鼠标左键，将选择的转场效果拖动至"时间线"面板的两个视频素材中间，如图 8-10 所示。释放鼠标左键，即可替换原来的转场，在预览窗口中查看替换后的转场效果。

图 8-10　拖动转场效果

8.2.2　更改转场效果的位置

【效果展示】在 DaVinci Resolve 18 中，用户可以根据实际需要对转场效果进行移动，将转场效果放置到合适的位置上，效果如图 8-11 所示。

扫码看案例效果　扫码看教学视频

图 8-11　更改转场效果的位置展示

▶▶ 步骤 1　打开一个项目文件，进入"剪辑"步骤面板，如图 8-12 所示。

▶▶ 步骤 2　在预览窗口中可以查看打开的项目效果，如图 8-13 所示。

图 8-12　打开一个项目文件

图 8-13　查看打开的项目效果

▶▶ 步骤 3　在"时间线"面板的 V1 轨道上，选中第一段视频和第二段视频之间的转场，如图 8-14 所示。

▶▶ 步骤 4 按住鼠标左键，拖动转场至第二段视频与第三段视频之间，释放鼠标左键，即可移动转场位置，如图 8-15 所示。在预览窗口中查看移动转场位置后的视频效果。

图 8-14 选中转场效果

图 8-15 拖动转场效果

8.2.3 删除无用的转场效果

【效果展示】在制作视频效果的过程中，如果用户对视频轨中添加的转场效果不满意，此时可以对转场效果进行删除操作，效果如图 8-16 所示。

扫码看案例效果 扫码看教学视频

图 8-16 删除无用的转场效果展示

▶▶ 步骤 1 打开一个项目文件，进入"剪辑"步骤面板，如图 8-17 所示。

▶▶ 步骤 2 在预览窗口中可以查看打开的项目效果，如图 8-18 所示。

图 8-17 打开一个项目文件

图 8-18 查看打开的项目效果

第 8 章

转场效果：设置酷炫的转场效果

209

▶▶ 步骤3 在"时间线"面板的V1轨道上，选中视频素材上的转场效果，如图 8-19 所示。

▶▶ 步骤4 右击，在弹出的快捷菜单中选择"删除"命令，如图 8-20 所示。在预览窗口中查看删除转场后的视频效果。

图 8-19 选中视频素材上的转场效果　　　图 8-20 选择"删除"命令

8.2.4 为转场添加白色边框

【效果展示】在 DaVinci Resolve 18 中，在素材之间添加转场效果后可以为转场效果设置相应的边框样式，从　扫码看案例效果　扫码看教学视频而为转场效果锦上添花，加强效果的审美度，如图 8-21 所示。

图 8-21 为转场添加白色边框展示

▶▶ 步骤1 打开一个项目文件，进入"剪辑"步骤面板，如图 8-22 所示。

图 8-22 打开一个项目文件

▶▶ 步骤2 在 V1 轨道上的第一个视频素材和第二个视频素材中间，添加一个"菱形展开"转场效果，如图 8-23 所示。

▶▶ 步骤3 在预览窗口中可以查看添加的转场效果，如图 8-24 所示。

图 8-23 添加转场效果

图 8-24 查看添加的转场效果

▶▶ 步骤4 在"时间线"面板的 V1 轨道上双击视频素材上的转场效果，如图 8-25 所示。

▶▶ 步骤5 展开"检查器"面板，单击"转场"按钮，在"视频"选项面板中，用户可通过拖动"边框"滑块或在文本框内输入参数的方式，设置"边框"参数为 20.000，如图 8-26 所示。在预览窗口中可查看为转场添加边框后的视频效果。

图 8-25 双击视频素材上的转场效果

图 8-26 设置"边框"参数

专家指点：用户还可以在"菱形展开"选项面板中单击"色彩"右侧的色块，设置转场效果的边框颜色。

8.3 制作视频转场画面效果

在 DaVinci Resolve 18 中提供了多种转场效果，某些转场效果独具特色，可以为视频添加非凡的视觉体验。本节主要介绍转场效果的精彩应用。

8.3.1　制作椭圆展开转场效果

【效果展示】在 DaVinci Resolve 18 中，"光圈"转

扫码看案例效果　扫码看教学视频

场组中共有 8 个转场效果，应用其中的"椭圆展开"转场效果，可以从素材 A 画面中心以圆形光圈过渡展开显示素材 B，效果如图 8-27 所示。

▶▶ 步骤 1　打开一个项目文件，进入"剪辑"步骤面板，如图 8-28 所示。

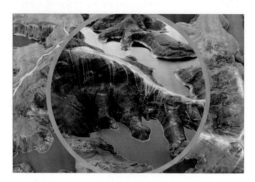 

图 8-27　制作椭圆展开转场效果　　　图 8-28　打开一个项目文件

▶▶ 步骤 2　在"视频转场"|"光圈"选项面板中选择"椭圆展开"转场，如图 8-29 所示。

▶▶ 步骤 3　按住鼠标左键，将选择的转场拖动至视频轨中两个素材之间，如图 8-30 所示。

图 8-29　选择"椭圆展开"转场　　　图 8-30　拖动转场效果

▶▶ 步骤 4　释放鼠标左键即可添加"椭圆展开"转场效果，用鼠标左键双击转场效果，展开"检查器"面板，在"椭圆展开"选项面板中设置"边框"参数为 32.000，如图 8-31 所示。

> 专家指点：选中"边框"文本框，按住鼠标左键上下拖动，也可以增加或减少"边框"参数。

▶▶ 步骤 5　单击"色彩"右侧的色块，弹出"选择颜色"对话框，在"基本颜色"选项区中选择最后一排第五个色块，如图 8-32 所示。单击 OK 按钮，即可为边框设置颜色，在预览窗口中可以查看制作的视频效果。

图 8-31　设置"边框"参数

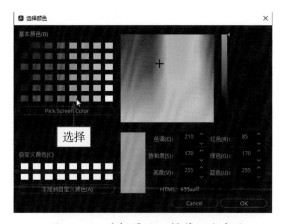

图 8-32　选择最后一排第五个色块

8.3.2　制作百叶窗转场效果

【效果展示】在 DaVinci Resolve 18 中，"百叶窗划像"转场效果是"划像"转场类型中最常用的一种，是指素材以百叶窗翻转的方式进行过渡。下面介绍制作百叶窗转场效果的操作方法，效果如图 8-33 所示。

扫码看案例效果　扫码看教学视频

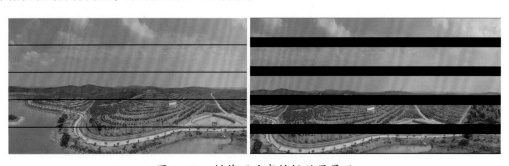

图 8-33　制作百叶窗转场效果展示

▶▶ 步骤 1 打开一个项目文件，进入"剪辑"步骤面板，如图 8-34 所示。

▶▶ 步骤 2 在"视频转场"|"划像"选项面板中选择"百叶窗划像"转场，如图 8-35 所示。

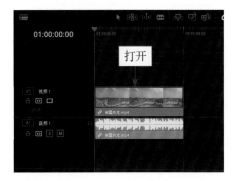

图 8-34　打开一个项目文件

图 8-35　选择"百叶窗划像"转场

▶▶ 步骤3 按住鼠标左键，将选择的转场拖动至视频轨中素材的末端，如图 8-36 所示。

▶▶ 步骤4 释放鼠标左键，即可添加"百叶窗划像"转场效果，选择添加的转场，将鼠标移至转场左边的边缘线上，当光标呈左右双向箭头形状时 ↔，按住鼠标左键并向左拖动至合适位置后释放鼠标左键，即可增加转场时长，如图 8-37 所示。在预览窗口中可以查看制作的视频效果。

图 8-36 拖动转场效果

图 8-37 增加转场时长

8.3.3 制作交叉叠化转场效果

【效果展示】在 DaVinci Resolve 18 中，"交叉叠化"转场效果是以素材 A 的不透明度由 100% 转变到 0，素材 B 的不透明度由 0 转变到 100% 的一个过程。下面介绍制作交叉叠化转场效果的操作方法，效果如图 8-38 所示。

扫码看案例效果　扫码看教学视频

图 8-38 制作交叉叠化转场效果展示

▶▶ 步骤1 打开一个项目文件，进入"剪辑"步骤面板，如图 8-39 所示。

▶▶ 步骤2 在"视频转场"|"叠化"选项面板中选择"交叉叠化"转场，如图 8-40 所示。

▶▶ 步骤3 按住鼠标左键，将选择的转场拖动至视频轨中两个素材之间，释放鼠标左键，即可添加"交叉叠化"转场效果，如图 8-41 所示。在预览窗口中可以查看制作的视频效果。

图 8-39　打开一个项目文件

图 8-40　选择"交叉叠化"转场

图 8-41　拖动转场效果

专家指点：在 DaVinci Resolve 18 中，为两个视频素材添加转场特效时，视频素材需要经过剪辑才能应用转场，否则转场只能添加到素材的开始位置处或结束位置处，不能放置在两个素材中间。

8.3.4　制作单向滑动转场效果

【效果展示】在 DaVinci Resolve 18 中，应用"运动"转场组中的"滑动"转场效果，即可制作单向滑动视频效果，如图 8-42 所示。

扫码看案例效果　扫码看教学视频

图 8-42　单向滑动转场效果

▶▶ 步骤 1　打开一个项目文件，进入"剪辑"步骤面板，如图 8-43 所示。

▶▶ 步骤 2　在"视频转场"|"运动"选项面板中，选择"滑动"转场，如图 8-44 所示。

图 8-43　打开一个项目文件　　　　　图 8-44　选择"滑动"转场

▶▶ 步骤 3　按住鼠标左键，将选择的转场拖动至视频轨中两个素材之间，如图 8-45 所示。

▶▶ 步骤 4　释放鼠标左键即可添加"滑动"转场效果，双击转场效果，展开"检查器"面板，在"视频"选项面板中单击"预设"下拉按钮，如图 8-46 所示。

图 8-45　拖动转场效果　　　　　图 8-46　单击"预设"下拉按钮

▶▶ 步骤 5　在弹出的下拉列表框中选择"滑动，从右往左"选项，如图 8-47 所示。即可使素材 A 从右往左滑动过渡显示素材 B，在预览窗口中可以查看制作的视频效果。

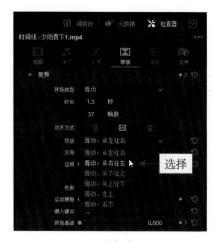

图 8-47　选择相应选项

案　例　篇

第 **9** 章

《旖旎风光》：
制作秀美风景
视频

　　如今，人们的生活质量越来越高，交通越来越便
利，越来越多的人去往各个风景名胜地区游玩，在电
视上也经常能够看到各地的旅游广告视频。为了吸引
更多的游客，拍摄的景点视频通常会进行色彩、色调
等后期处理。本章主要介绍通过剪辑、调色等后期操
作，将六段风景视频制作成一个完整的风景广告视频，
给观众带来最佳的视觉感受。

 新手重点索引

▶ 欣赏视频效果

▶ 视频调色过程

 效果图片欣赏

9.1 欣赏视频效果

本例主要介绍在 DaVinci Resolve 18 中，对六段视频素材进行剪辑、调色、转场以及添加字幕等操作，将六段独立的视频素材制作成一个完整的风景视频文件。在制作视频效果之前，首先预览《旖旎风光》项目效果，并掌握项目技术提炼等内容。

9.1.1 效果赏析

本实例制作的是风景视频——《旖旎风光》，下面预览视频，进行风格调色、添加字幕，最终效果如图 9-1 所示。

扫码看案例效果

图 9-1 《旖旎风光》效果展示

图 9-1 《旖旎风光》效果展示（续）

9.1.2 技术提炼

在 DaVinci Resolve 18 中，用户可以先建立一个项目文件，然后在"剪辑"步骤面板中将风景视频素材导入"时间线"面板内，根据需要在"时间线"面板中对素材文件进行时长剪辑，切换至"调色"步骤面板，依次对"时间线"面板中的视频片段进行调色操作，待画面色调调整完成后，为风景视频添加标题字幕及背景音乐，并将制作好的成品交付输出。

9.2 视频调色过程

本节主要介绍《旖旎风光》视频文件的制作过程，包括导入风景视频素材、对视频进行合成、剪辑操作、调整视频画面的色彩与风格、为视频素材添加字幕效果以及渲染输出项目效果等内容，希望读者可以熟练掌握风景视频调色的各种制作方法。

9.2.1 导入风景视频素材

在为视频调色前，首先将视频素材导入"时间线"面板的视频轨中。下面介绍具体的操作方法。

▶▶ 步骤1 进入达芬奇"剪辑"步骤面板，在"媒体池"面板中右击，扫码看教学视频在弹出的快捷菜单中选择"导入媒体"命令，如图 9-2 所示。

▶▶ 步骤2 弹出"导入媒体"对话框，在文件夹中显示了多段风景视频，选择需要导入的视频素材，如图 9-3 所示。

▶▶ 步骤3 单击"打开"按钮，即可将选择的多段风景视频素材导入"媒体池"面板中，如图9-4所示。

▶▶ 步骤4 选择"媒体池"面板中的视频素材，将其拖动至"时间线"面板中的视频轨上，即可完成导入视频素材的操作，如图9-5所示。

图9-2 选择"导入媒体"命令

图9-3 选择需要导入的视频素材

图9-4 导入"媒体池"面板中

图9-5 拖动至"时间线"面板中

▶▶ 步骤5 在预览窗口中查看导入的视频素材，如图9-6所示。

图9-6 查看导入的视频素材

9.2.2 对视频进行合成、剪辑操作

导入视频素材后，需要对视频素材进行剪辑调整，方便后续调色等操作，下面介绍具体的操作方法。

扫码看教学视频

▶▶ 步骤1 在达芬奇的"时间线"面板上方的工具栏中，单击"刀片编辑模式"按钮█████，如图9-7所示。

▶▶ 步骤2 将时间指示器移至01:00:03:22位置处，如图9-8所示。

图9-7 单击"刀片编辑模式"按钮

图9-8 移至相应的位置

▶▶ 步骤3 在视频1轨道的素材文件上单击，将素材1分割为两段，如图9-9所示。

▶▶ 步骤4 继续将时间指示器移至01:00:10:09位置处，单击，将素材2分割为两段，如图9-10所示。

图9-9 分割视频素材

图9-10 分割视频素材

▶▶ 步骤5 用相同的方法，在01:00:14:04、01:00:17:05、01:00:20:11、01:00:27:02、01:00:30:10、01:00:34:09、01:00:37:12、01:00:42:18位置处，对视频1轨道上的视频素材进行分割剪辑操作，时间线效果如图9-11所示。

▶▶ 步骤6 在"时间线"面板的工具栏中单击"选择模式"按钮█，在视频轨道上按住【Ctrl】键的同时，选中分割出来的小片段，按【Delete】键，将小片段删除，效果如图9-12所示。

图 9-11　分割视频素材效果

图 9-12　删除相应片段

9.2.3　调整视频画面的色彩与风格

对视频素材剪辑完成后，即可开始在"调色"步骤面板中为视频素材调整画面的色彩风格、色调等，下面介绍具体的操作步骤。

扫码看教学视频

▶▶ 步骤 1　切换至"调色"步骤面板，在"片段"面板中选中"素材 1"视频片段，如图 9-13 所示。

▶▶ 步骤 2　在"示波器"面板中可以查看素材分量图效果，如图 9-14 所示。

图 9-13　选中"素材 1"视频片段

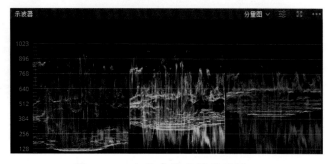

图 9-14　查看素材分量图效果

▶▶ 步骤 3　在预览器窗口的图像素材上右击，在弹出的快捷菜单中选择"抓取静帧"命令，如图 9-15 所示。

▶▶ 步骤 4　在"画廊"面板中可以查看抓取的静帧缩略图，如图 9-16 所示。

▶▶ 步骤 5　展开"一级－校色轮"面板，拖动"暗部"色条通道滑块，设置参数均为 0.01，如图 9-17 所示。

▶▶ 步骤6 拖动"亮部"色条通道滑块，设置参数均为 1.01，设置"饱和度"参数为 100，如图 9-18 所示。

图 9-15　选择"抓取静帧"选项

图 9-16　查看抓取的静帧缩略图

图 9-17　设置"暗部"参数

图 9-18　设置"饱和度"参数

▶▶ 步骤7 在"示波器"面板中查看分量图显示效果，如图 9-19 所示。

▶▶ 步骤8 在"检视器"面板上方单击"划像"按钮▣，如图 9-20 所示。

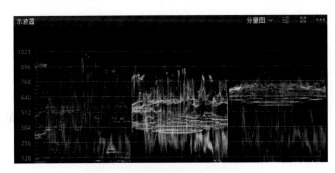

图 9-19　查看分量图显示效果

图 9-20　单击"划像"按钮

▶▶ 步骤9 在预览窗口中，划像查看静帧与调色后的对比效果，如图 9-21 所示。

▶▶ 步骤10 取消划像对比，在"片段"面板中选中"素材 2"视频片段，如图 9-22 所示。

▶▶ 步骤11 在"示波器"面板中可以查看"素材 2"分量图，在预览窗口中选择"抓取静帧"选项，展开"画廊"面板，在其中查看抓取的"素材 2"静帧图像缩略图，如图 9-23 所示。

图 9-21　划像查看静帧与调色后的对比效果

图 9-22　选中"素材 2"视频片段

图 9-23　查看"素材 2"静帧图像缩略图

▶▶步骤 12　在"色轮"面板下方设置"饱和度"参数为 100.00，在"一级－校色条"面板中拖动"暗部"色条通道滑块，设置参数均为 -0.03，如图 9-24 所示。

▶▶步骤 13　在"示波器"面板中查看"素材 2"分量图显示效果，在"检视器"面板上方，单击"划像"按钮▣，如图 9-25 所示。

图 9-24　设置"暗部"参数

图 9-25　单击"划像"按钮

▶▶步骤 14　在预览窗口中划像查看静帧与调色后的对比效果，如图 9-26 所示。

▶▶步骤 15　用相同的方法，对其他视频进行划像查看静帧与调色后的对比效果，如图 9-27 所示。

图 9-26　划像查看静帧与调色后的对比效果

图 9-27　其他视频划像查看静帧与调色后的对比效果

9.2.4　为风景视频添加字幕

为风景视频调色后，还需要为风景视频添加标题字幕文件，增强视频
的艺术效果，下面介绍具体的操作方法。

扫码看教学视频

▶▶ 步骤 1　在"剪辑"步骤面板中展开"效果"面板，在"工具箱"
选项列表中，选择"标题"选项，如图 9-28 所示。

▶▶ 步骤 2　展开"标题"面板，在"字幕"选项面板中选择"文本"选项，如
图 9-29 所示。

▶▶ 步骤 3　按住鼠标左键将"文本"字幕样式拖动至视频 1 轨道上方，"时间线"
面板会自动添加一条视频 2 轨道，在合适位置处释放鼠标左键，如图 9-30 所示。

▶▶ 步骤 4　即可在视频 2 轨道上添加一个标题字幕文件，调整字幕文本的时长与
视频素材一致，如图 9-31 所示。

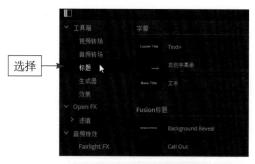

图 9-28　选择"标题"选项

图 9-29　选择"文本"选项

图 9-30　添加一条视频 2 轨道

图 9-31　调整文本时长与视频素材一致

▶▷ 步骤5　双击字幕文本，展开"检查器"|"标题"选项面板，在"多信息文本"下方的编辑框中输入文字内容"旖旎风光"，如图 9-32 所示。

▶▷ 步骤6　设置相应"字体系列"，在下方单击"颜色"色块，如图 9-33 所示。

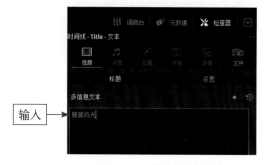

图 9-32　输入文字内容

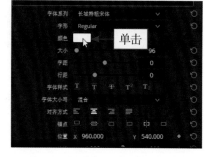

图 9-33　单击"颜色"色块

▶▷ 步骤7　弹出"选择颜色"对话框，在"基本颜色"选项区中选择红色色块，如图 9-34 所示。

▶▷ 步骤8　单击 OK 按钮，即可设置字幕颜色为红色，在下方设置"大小"参数为 129，如图 9-35 所示。

▶▷ 步骤9　设置"位置"X 参数为 960.000、Y 参数为 850.000，如图 9-36 所示。

▶▷ 步骤10　在"投影"选项区中，设置"偏移"X 参数为 19.000、Y 参数为 10.000，如图 9-37 所示。

▶▷ 步骤11　在"笔画"选项区中单击"色彩"右侧的色块，如图 9-38 所示。

▶▶步骤 12　弹出"选择颜色"对话框，在"基本颜色"选项区中选择白色色块，如图 9-39 所示。

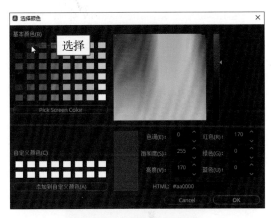

图 9-34　选择红色色块

图 9-35　设置"大小"参数

图 9-36　设置"位置"参数

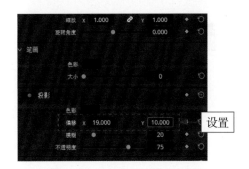

图 9-37　设置"偏移"参数

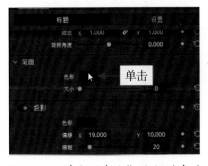

图 9-38　单击"色彩"右侧的色块

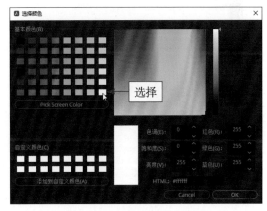

图 9-39　选择白色色块

▶▶步骤 13　单击 OK 按钮，返回标题面板，设置笔画"大小"参数为 3，如图 9-40 所示。

▶▶步骤 14　在"检查器"面板中切换至"设置"选项面板，如图 9-41 所示。

▶▶步骤 15　确认时间指示器位置在视频开始位置后，在"检查器"|"设置"选项面板中，设置"不透明度"参数为 0.00，如图 9-42 所示。

▶▶步骤 16 单击"不透明度"关键帧按钮██，添加第一个字幕关键帧，如图 9-43 所示。

图 9-40 设置笔画"大小"参数

图 9-41 切换至"设置"选项面板

图 9-42 设置"不透明度"参数

图 9-43 单击"不透明度"关键帧（1）

▶▶步骤 17 拖动时间指示器至 01：00：02：07 位置处，如图 9-44 所示。

▶▶步骤 18 设置"不透明度"参数为 100.00，如图 9-45 所示，自动添加第一个字幕关键帧。

图 9-44 拖动时间指示器至相应位置（1）

图 9-45 设置"不透明度"参数

▶▶步骤 19 拖动时间指示器至 01：00：03：09 位置处，如图 9-46 所示，

▶▶步骤 20 再次单击"不透明度"关键帧按钮██，如图 9-47 所示，添加第二个字幕关键帧。

▶▶步骤 21 拖动时间指示器至 01：00：03：22 位置处，如图 9-48 所示

▶▶步骤 22 设置"不透明度"参数为 0.00，如图 9-49 所示，自动添加第三个字幕关键帧。

图 9-46　拖动时间指示器至相应位置（2）　　图 9-47　单击"不透明度"关键帧（2）

图 9-48　拖动时间指示器至相应位置（3）　　图 9-49　设置"不透明度"参数（3）

▶▶步骤 23　在预览窗口中查看添加的第一个字幕效果，如图 9-50 所示。

图 9-50　查看添加的第一个字幕效果

▶▶步骤 24　选中添加的第一个字幕文件，右击，在弹出的快捷菜单中选择"复制"命令，如图 9-51 所示。

▶▶步骤 25　拖动时间指示器至 01：00：03：22 位置处，右击，在弹出的快捷菜单中选择"粘贴"命令，如图 9-52 所示。

图 9-51　选择"复制"命令　　　　　　　图 9-52　选择"粘贴"命令

▶▶步骤 26　调整第二个字幕时长与视频素材时长一致，如图 9-53 所示。

▶▶步骤 27　双击第二个字幕文本，切换至"检查器"|"标题"选项卡，修改文本内容为"福元路大桥"，如图 9-54 所示。

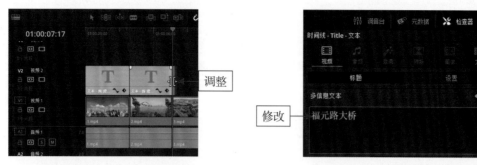

图 9-53　调整第二个字幕时长　　　　　　图 9-54　修改文本内容

▶▶步骤 28　设置"字体系列"为"隶书"、"颜色"参数为"白色"、"大小"参数为 94，如图 9-55 所示。

▶▶步骤 29　设置"位置"X 参数为 393.000、Y 参数为 160.000，如图 9-56 所示。

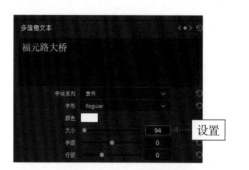

图 9-55　设置"大小"参数　　　　　　图 9-56　设置"位置"参数

▶▶步骤 30　在"笔画"面板中设置相应的色彩色块，如图 9-57 所示。

▶▶步骤 31　设置"大小"参数为 4，如图 9-58 所示。

图 9-57　设置相应的色彩色块　　　　　　图 9-58　设置"大小"参数

▶▶步骤 32　将时间指示器拖动至 01:00:07:02 位置处，如图 9-59 所示。

▶▶步骤 33　展开"检查器"|"设置"选项面板，在"合成"选项区中单击"不透明度"重置按钮◎，如图 9-60 所示。

图 9-59　拖动至相应位置

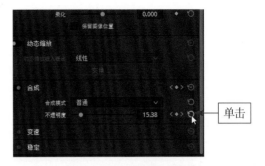
图 9-60　单击"不透明度"重置按钮

▶▷步骤 34　在"检查器"|"设置"选项面板的"合成"选项区中单击"不透明度"关键帧按钮◆，如图 9-61 所示。添加关键帧。

▶▷步骤 35　将时间指示器拖动至 01:00:07:17 位置处，如图 9-62 所示。

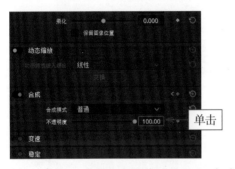
图 9-61　单击"不透明度"关键帧按钮（3）

图 9-62　拖动至相应位置

▶▷步骤 36　在"检查器"|"设置"选项面板中设置"不透明度"参数为 0.00，如图 9-63 所示。添加第四个关键帧。

▶▷步骤 37　用相同的方法设置其余的字幕效果，如图 9-64 所示。

图 9-63　设置"不透明度"参数（4）

图 9-64　设置其余的字幕效果

▶▷步骤 38　在预览窗口中查看字幕效果，如图 9-65 所示。

▶▷步骤 39　在"媒体池"面板中的空白位置处右击，在弹出的快捷菜单中选择"导入媒体"命令，如图 9-66 所示。

▶▷步骤 40　弹出"导入媒体"对话框，在其中选择需要导入的片尾素材，如图 9-67 所示。

▶▶ 步骤 41 单击"打开"按钮，即可将选择的片尾素材导入"媒体池"面板中，如图 9-68 所示。

▶▶ 步骤 42 在"媒体池"面板中选择导入的片尾素材，按住鼠标左键将其拖动至视频 1 轨道上，释放鼠标左键即可添加片尾视频，如图 9-69 所示。

图 9-65　查看字幕效果

图 9-66　选择"导入媒体"命令

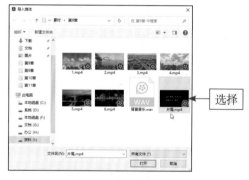

图 9-67　选择需要导入的片尾素材

图 9-68　导入"媒体池"面板中

图 9-69　添加片尾视频

9.2.5　为视频匹配背景音乐

标题字幕制作完成后，可以为视频添加一个完整的背景音乐，使影片更具有感染力，下面介绍具体的操作方法。

扫码看教学视频

▶▷ 步骤 1 在"媒体池"面板中的空白位置处右击，在弹出的快捷菜单中选择"导入媒体"命令，如图 9-70 所示。

▶▷ 步骤 2 弹出"导入媒体"对话框，在其中选择需要导入的音频素材，如图 9-71 所示。

图 9-70 选择"导入媒体"命令

图 9-71 选择需要导入的音频素材

▶▷ 步骤 3 单击"打开"按钮，即可将选择的音频素材导入"媒体池"面板中，如图 9-72 所示。

▶▷ 步骤 4 选择背景音乐，按住鼠标左键向右拖动至合适位置后释放鼠标左键，将时间指示器移至 01:00:23:12 位置处，在"时间线"面板上方的工具栏中单击"刀片编辑模式"按钮▤▤，如图 9-73 所示。

图 9-72 导入"媒体池"面板

图 9-73 单击"刀片编辑模式"按钮

▶▷ 步骤 5 在音频 1 轨道上单击，将音频分割为两段，选择多余的音频，右击，在弹出的快捷菜单中选择"删除所选"命令，即可删除多余的音频，如图 9-74 所示。

图 9-74 选择"删除所选"命令

9.2.6　交付输出制作的视频

待视频剪辑完成后，即可切换至"交付"面板中，将制作的成品输出为一个完整的视频文件，下面介绍具体的操作方法。

扫码看教学视频

▶▶ 步骤1　切换至"交付"步骤面板，在"渲染设置"|"渲染设置–Custom Export"选项面板中设置文件名称和保存位置，如图9-75所示。

▶▶ 步骤2　在"导出视频"选项区中单击"格式"右侧的下拉按钮，在弹出的下拉列表中选择MP4选项，如图9-76所示。

图 9-75　设置文件名称和保存位置

图 9-76　选择 MP4 选项

▶▶ 步骤3　单击"添加到渲染队列"按钮，如图9-77所示。

▶▶ 步骤4　将视频文件添加到右上角的"渲染队列"面板中，单击面板下方的"渲染所有"按钮，如图9-78所示。

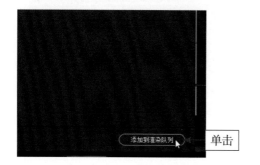

图 9-77　单击"添加到渲染队列"按钮

图 9-78　单击"渲染所有"按钮

▶▶ 步骤5　开始渲染视频文件，并显示视频渲染进度，待渲染完成后，在渲染列表上会显示完成用时，表示渲染成功，如图9-79所示。在视频渲染保存的文件夹中，可以查看渲染输出的视频。

图 9-79　显示渲染成功

第 **10** 章

《古风写真》：
制作古风人像
视频

　　拍摄人像照片或视频时，通常情况下都会在拍摄前期通过妆容、服饰、场景、角度、构图等方面来达到最好的人像拍摄效果，这样拍摄出来的素材后期处理时才更简单。在 DaVinci Resolve 18 中，用户可以根据需要对人像视频进行肤色调整、磨皮等操作。

效果图片欣赏

10.1　欣赏视频效果

很多年轻人都喜欢去影楼拍摄个人写真，个人写真对于每个人来说都是值得回忆的美好画面，每个人都不希望在个人写真相册以及写真视频上留下瑕疵。因此，在前期拍摄完成后，并不能立刻输出成品文件，还需要对写真相册和视频进行后期调色处理，为人像调整肤色、去除痘印和痣等。在介绍人像视频调色方法之前，首先预览《古风写真》项目效果并掌握项目技术提炼等内容。

10.1.1　效果赏析

本实例制作的是古风人像视频——《古风写真》，下面预览视频，进行后期调色，最终效果如图 10-1 所示。

扫码看案例效果

图 10-1 《古风写真》效果展示

10.1.2 技术提炼

首先新建一个项目文件，进入 DaVinci Resolve 18 "剪辑"步骤面板，在"媒体池"面板中依次导入人像视频素材，并将其添加至"时间线"面板中，然后调整视频的色彩基调，对人物肤色进行调整，为人物去除痘印、痣和斑点，并为人物进行磨皮处理，再次为人像视频添加转场、字幕、背景音乐，最后将成品交付输出。

10.2 视频调色过程

本节主要介绍《古风写真》视频文件的制作过程，如导入多段视频素材、调整视频的色彩基调、对人物肤色进行调整以及为人物制作磨皮特效等内容，希望读者熟练掌握人像视频调色的各种制作方法。

10.2.1 导入多段视频素材

在为人像视频调色前，首先需要导入多段人像视频素材。下面介绍通过"媒体池"面板导入视频素材的操作方法。

▶▶ 步骤 1 进入达芬奇"剪辑"步骤面板，在"媒体池"面板中右击，<small>扫码看教学视频</small>在弹出的快捷菜单中选择"导入媒体"命令，如图 10-2 所示。

▶▶ 步骤 2 弹出"导入媒体"对话框，在文件夹中显示了多段人像视频，选择需要导入的视频素材，如图 10-3 所示。

▶▶ 步骤 3 单击"打开"按钮，即可将选择的视频素材导入"媒体池"面板中，如图 10-4 所示。

▶▶ 步骤 4 选择"媒体池"面板中的视频素材，按住鼠标左键将其拖动至"时间线"面板中的视频轨中，如图 10-5 所示。

图 10-2　选择"导入媒体"选项

图 10-3　选择视频素材

图 10-4　导入视频素材

图 10-5　拖动视频至"时间线"面板

▶▶ 步骤5　按空格键即可在预览窗口中预览添加的视频素材，效果如图 10-6 所示。

图 10-6　预览视频素材

10.2.2　调整视频的色彩基调

导入视频素材后，即可切换至"调色"步骤面板中为视频调整色彩基调，下面介绍具体的操作方法。

▶▶ 步骤1　切换至"调色"步骤面板，在"节点"面板中选中 01 节

扫码看教学视频

点，展开"一级 – 校色轮"面板，设置"暗部"色轮参数均为 0.02、"中灰"色轮参数均为 0.02、"亮部"色轮参数均为 1.07，如图 10-7 所示。

图 10-7　设置"色轮"参数

▶▶ 步骤 2　在"一级 – 校色轮"面板中，设置"对比度"参数为 1.158、"饱和度"参数为 52.20，如图 10-8 所示。

▶▶ 步骤 3　在"一级 – 校色轮"面板中设置"色温"参数为 -3000.0，如图 10-9 所示。

图 10-8　设置"对比度"和"饱和度"参数

图 10-9　设置"色温"参数

▶▶ 步骤 4　即可将视频调为暖色调，效果如图 10-10 所示。

▶▶ 步骤 5　在"片段"面板中选择第二个视频片段，如图 10-11 所示。

图 10-10　将视频调为暖色调

图 10-11　选择第二个视频片段

▶▶ 步骤 6　在第一个视频片段上右击，在弹出的快捷菜单中选择"与此片段进行镜头匹配"命令，如图 10-12 所示。

图 10-12　选择"与此片段进行镜头匹配"命令　图 10-13　预览第二段视频匹配后的效果

专家指点：应用镜头匹配的方法，可以使四段视频的色彩基调保持一致。

▶▷ 步骤 8　用相同的方法为第三段和第四段视频进行镜头匹配操作，调整视频的色彩基调，效果如图 10-14 所示。

图 10-14　调整第三段和第四段视频的色彩基调效果

10.2.3　对人物肤色进行调整

对视频的色彩色调调整完成后，即可开始对人物肤色进行校正调整，校正人物肤色需要应用矢量图示波器进行辅助调色，下面介绍具体的操作方法。

扫码看教学视频

▶▷ 步骤 1　选择第一段视频，在"节点"面板中的 01 节点上右击，在弹出的快捷菜单中选择"添加节点"|"添加串行节点"命令，如图 10-15 所示。

▶▷ 步骤 2　即可添加一个编号为 02 的串行节点，如图 10-16 所示。

▶▷ 步骤 3　展开"示波器"面板，在示波器窗口栏的右上角单击相应的下拉按钮，在弹出的下拉列表框中选择"矢量图"选项，如图 10-17 所示。

▶▷ 步骤 4　即可打开"矢量图"示波器面板，在右上角单击"设置"按钮，如图 10-18 所示。

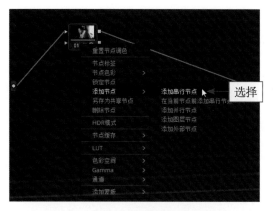

图 10-15 选择"添加串行节点"命令

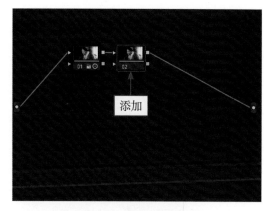

图 10-16 添加 02 串行节点

图 10-17 选择"矢量图"选项

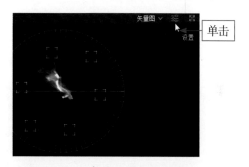

图 10-18 单击"设置"按钮

▶▶ 步骤 5 弹出相应的面板，勾选"显示肤色指示线"复选框，如图 10-19 所示。

▶▶ 步骤 6 单击空白位置处关闭弹出的面板，即可在"矢量图"示波器面板中显示肤色指示线，效果如图 10-20 所示。

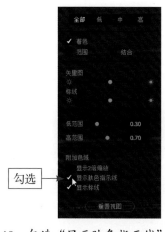

图 10-19 勾选"显示肤色指示线"复选框

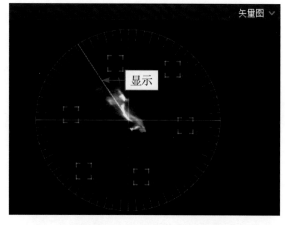

图 10-20 显示肤色指示线

▶▶ 步骤 7 展开"窗口"面板，在"窗口"预设面板中单击曲线"窗口激活"按钮，如图 10-21 所示。

▶▶ 步骤 8 在导览面板中将时间滑块拖动至最末端，在预览窗口的图像上绘制一个窗口蒙版，如图 10-22 所示。

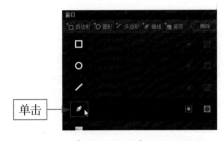

图 10-21 单击曲线"窗口激活"按钮

图 10-22 绘制一个窗口蒙版

▶▶ 步骤 9 展开"跟踪器"面板，在面板下方勾选"交互模式"复选框，即可在预览窗口的窗口蒙版中插入特征跟踪点，如图 10-23 所示。

▶▶ 步骤 10 单击"反向跟踪"按钮■，如图 10-24 所示。

图 10-23 选中"交互模式"复选框

图 10-24 单击"反向跟踪"按钮

▶▶ 步骤 11 即可运动跟踪绘制的窗口，如图 10-25 所示。

▶▶ 步骤 12 展开"限定器"面板，在面板中单击"拾取器"按钮，如图 10-26 所示。

图 10-25 运动跟踪绘制的窗口

图 10-26 单击"拾取器"按钮

▶▶ 步骤 13 在"检视器"面板上方单击"突出显示"按钮，在预览窗口中按住鼠标左键，拖动光标选取人物皮肤，如图 10-27 所示。

▶▶ 步骤 14 切换至"限定器"面板,在"蒙版优化"选项区中设置"降噪"参数为27.3,如图 10-28 所示。

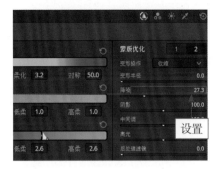

图 10-27 选取人物皮肤   图 10-28 设置"降噪"参数

▶▶ 步骤 15 展开"矢量图"示波器面板查看色彩矢量波形变换,在"色轮"面板中拖动"亮部"色轮中心的白色圆圈,直至参数显示为 1.07、1.09、1.05、1.20,如图 10-29 所示。

▶▶ 步骤 16 此时,"矢量图"示波器面板中的色彩矢量波形已与肤色指示线重叠,如图 10-30 所示。

图 10-29 拖动"亮部"色轮中心的白色圆圈   图 10-30 色彩矢量波形调整效果

▶▶ 步骤 17 在预览窗口中查看人物肤色调整效果,如图 10-31 所示。

▶▶ 步骤 18 在"片段"面板中选中第二段视频,如图 10-32 所示。

图 10-31 查看人物肤色调整效果   图 10-32 选中第二段视频

▶▶ 步骤 19 用相同的方法对第二段人像视频调整肤色，继续执行相同的操作，对第三段和第四段人像视频调整肤色，效果如图 10-33 所示。

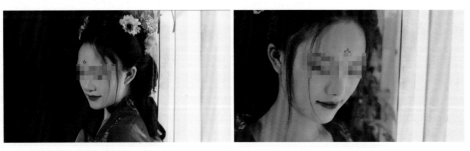

图 10-33 查看第三段和第四段人像视频肤色调整效果

10.2.4 为人物制作磨皮效果

扫码看教学视频

在 DaVinci Resolve 18 中为人物制作磨皮效果，使人物皮肤更加光洁细腻、无瑕疵，下面介绍具体的操作方法。

▶▶ 步骤 1 选择第一段视频，在"节点"面板中添加一个并行混合器，右击，在弹出的快捷菜单中选择"添加节点"|"添加串行节点"命令，如图 10-34 所示。

▶▶ 步骤 2 即可添加一个编号为 04 的串行节点，如图 10-35 所示。

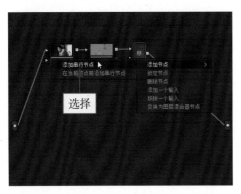

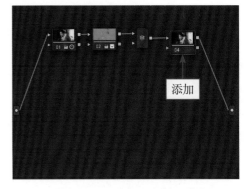

图 10-34 选择"添加串行节点"命令　　　　图 10-35 添加 04 串行节点

▶▶ 步骤 3 展开"窗口"面板，单击圆形"窗口激活"按钮 ◙，如图 10-36 所示。

▶▶ 步骤 4 在预览窗口中绘制一个圆形窗口蒙版，调整蒙版的大小和位置，如图 10-37 所示。

▶▶ 步骤 5 展开"跟踪器"面板，在面板下方勾选"交互模式"复选框，即可在预览窗口的窗口蒙版中插入特征跟踪点，如图 10-38 所示。

▶▶ 步骤 6 单击"正向跟踪"按钮 ▶，如图 10-39 所示。

▶▶ 步骤 7 即可跟踪绘制的窗口蒙版，如图 10-40 所示。

▶▶ 步骤 8 展开"效果"|"素材库"选项卡，在"Resolve FX 美化"滤镜组中选择"美颜"效果，如图 10-41 所示。

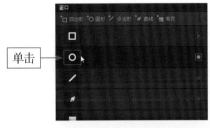

图 10-36　单击圆形"窗口激活"按钮

图 10-37　调整蒙版的大小和位置

图 10-38　勾选"交互模式"复选框

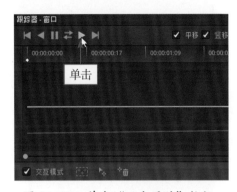

图 10-39　单击"正向跟踪"按钮

图 10-40　跟踪绘制的窗口蒙版

图 10-41　选择"美颜"效果

▶▶步骤 9　按住鼠标左键并将其拖动至"节点"面板的 04 节点上，释放鼠标左键，即可在调色提示区显示一个滤镜图标 ⊗，如图 10-42 所示。

▶▶步骤 10　切换至"设置"选项卡，在 Strength 右侧的文本框中输入参数 1.000，如图 10-43 所示。即可在预览窗口中查看第一段视频的磨皮处理效果。

▶▶步骤 11　在"片段"面板中选择第二段视频，用相同的方法在人像视频上绘制窗口蒙版，并制作磨皮效果，绘制的窗口蒙版及磨皮效果如图 10-44 所示。

▶▶步骤 12 在"片段"面板中选择第三段视频，用相同的方法在人像视频上绘制窗口蒙版，并制作磨皮效果，绘制的窗口蒙版及磨皮效果如图 10-45 所示。

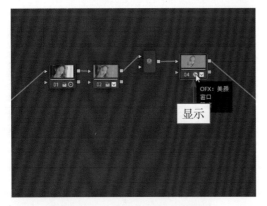

图 10-42 显示一个滤镜图标

图 10-43 输入参数

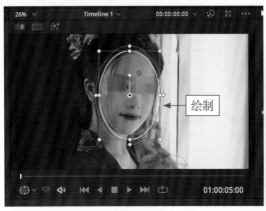

图 10-44 第二段视频绘制的窗口蒙版及磨皮效果

图 10-45 第三段视频绘制的窗口蒙版及磨皮效果

▶▶步骤 13 在"片段"面板中选择第四段视频，用相同的方法在人像视频上绘制窗口蒙版，并制作磨皮效果，绘制的窗口蒙版及磨皮效果如图 10-46 所示。

绘制

图 10-46　第四段视频绘制的窗口蒙版及磨皮效果

10.3　剪辑输出视频

完成视频素材的调色处理后，切换至"剪辑"步骤面板，在其中为人像视频进行后期剪辑处理及输出，包括添加转场、添加字幕、添加背景音乐以及交付输出成品视频等操作。

10.3.1　为人像视频添加转场

为人像视频添加转场效果，可以使视频与视频之间的过渡更加自然、顺畅，下面介绍具体的操作方法。

扫码看教学视频

▶▶ 步骤 1　切换至"剪辑"步骤面板，如图 10-47 所示。

切换

图 10-47　切换至"剪辑"步骤面板

▶▶ 步骤 2　在"时间线"面板上方的工具栏中单击"刀片编辑模式"按钮，如图 10-48 所示。

▶▶ 步骤 3　在视频轨中应用刀片工具，在视频素材上的 01：00：03：18 位置处单击，即可将第一段视频素材分割成两段，如图 10-49 所示。

图 10-48　单击"刀片编辑模式"按钮　　　图 10-49　将第一段视频素材分割成两段

▶▶步骤4　用相同的方法，在 01:00:05:15、01:00:09:05、01:00:10:15、01:00:14:06 以及 01:00:16:06 的位置处，将视频轨中的素材分割为多段，如图 10-50 所示。

图 10-50　将视频轨中的素材分割为多段

▶▶步骤5　将分割出来的小段视频删除，效果如图 10-51 所示。

图 10-51　将分割出来的小段视频删除

▶▶步骤6　在"剪辑"步骤面板的左上角，单击"效果"按钮，如图 10-52 所示。

▶▶步骤7　在"媒体池"面板下方展开"效果"面板，单击"工具箱"下拉按钮 ▶，如图 10-53 所示。

▶▶步骤8　展开"工具箱"选项列表，选择"视频转场"选项，展开"视频转场"选项面板，如图 10-54 所示。

▶▶ 步骤9 在"叠化"转场组中选择"交叉叠化"转场效果，如图 10-55 所示。

图 10-52 单击"效果"按钮

图 10-53 单击"工具箱"下拉按钮

图 10-54 选择"视频转场"选项

图 10-55 选择"交叉叠化"转场效果

▶▶ 步骤10 按住鼠标左键，将选择的转场效果拖动至"时间线"面板的两个视频素材中间，如图 10-56 所示。

图 10-56 拖动转场效果

▶▶ 步骤11 释放鼠标左键即可添加转场效果，在预览窗口中查看添加的转场效果，如图 10-57 所示。

▶▶ 步骤12 用相同的方法继续在视频轨上的视频素材之间添加"交叉叠化"转场效果，"时间线"面板效果如图 10-58 所示。

▶▶ 步骤13 按空格键播放视频，即可在预览窗口中查看再次添加的转场效果，如图 10-59 所示。

图 10-57　查看替换后的转场效果

图 10-58　添加转场效果

图 10-59　查看再次添加的转场效果

10.3.2　为人像视频添加字幕

为人像视频添加转场后还需要为人像视频添加标题字幕文件，增强视频的艺术效果，下面介绍具体的操作方法。

扫码看教学视频

▶▶ 步骤1　在"剪辑"步骤面板中展开"效果"面板，在"工具箱"选项列表中选择"标题"选项，展开"标题"面板，在"字幕"选项面板中选择"文本"选项，如图 10-60 所示。

▶▶ 步骤2　按住鼠标左键将"文本"字幕样式拖动至 V1 轨道上方，"时间线"面板会自动添加一条 V2 轨道，在合适位置处释放鼠标左键，即可在 V2 轨道上添加一个标题字幕文件，如图 10-61 所示。

图 10-60　选择"文本"选项

图 10-61　添加一个标题字幕文件

▶▶ 步骤3　选中 V2 轨道中的字幕文件，将鼠标移至字幕文件的末端，按住鼠标左键并向左拖动，至合适位置后释放鼠标左键，即可调整字幕区间时长，如图 10-62 所示。

▶▶ 步骤4　双击添加的"文本"字幕，展开"检查器"|"标题"选项卡，在"多信息文本"下方的编辑框中输入文字"南国有佳人"，如图 10-63 所示。

图 10-62　调整字幕区间时长

图 10-63　输入文字

▶▶ 步骤5　在预览窗口中可以查看添加的字幕效果，如图 10-64 所示。

▶▶ 步骤6　单击"字体系列"右侧的下拉按钮，设置相应字体，如图 10-65 所示。

图 10-64　查看添加的字幕效果

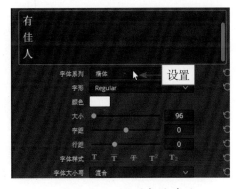

图 10-65　设置相应字体

▶▶ 步骤7　在"大小"右侧的文本框中输入参数 98，如图 10-66 所示。

▶▶ 步骤8　在下方面板中设置"位置"X 参数为 191.999、Y 参数为 717.000，调整字幕的位置，如图 10-67 所示。

图 10-66　输入"大小"参数

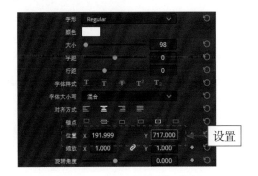

图 10-67　设置"位置"参数

▶▷ 步骤 9 在"投影"选项区中设置"偏移"X 参数为 37.000、Y 参数为 -20.000，为字幕添加投影，如图 10-68 所示。

▶▷ 步骤 10 在"笔画"选项区中单击"色彩"右侧的色块，如图 10-69 所示。

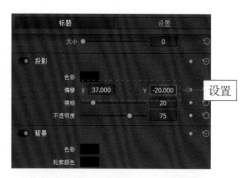

图 10-68 设置"偏移"参数

图 10-69 单击"色彩"右侧的色块

▶▷ 步骤 11 弹出"选择颜色"对话框，在"基本颜色"选项区中，选择红色色块，如图 10-70 所示，单击 OK 按钮。

▶▷ 步骤 12 在"笔画"选项区中，设置"大小"参数为 3，如图 10-71 所示。

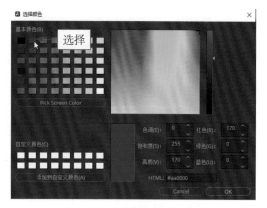

图 10-70 选择红色色块

图 10-71 设置"大小"参数

▶▷ 步骤 13 在预览窗口中查看制作的字幕效果，如图 10-72 所示。

图 10-72 查看制作的字幕效果

▶▷ 步骤 14 在"检查器"面板的上方单击"设置"标签，展开"设置"选项卡，如

图 10-73 所示。

▶▶ 步骤 15 在"裁切"选项区中设置"裁切底部"参数为 1080.000，如图 10-74 所示。

图 10-73 单击"设置"标签　　　　　图 10-74 设置"裁切底部"参数

▶▶ 步骤 16 单击"裁切底部"关键帧按钮◆，添加一个关键帧，如图 10-75 所示。

▶▶ 步骤 17 在"时间线"面板中拖动时间指示器至 01:00:02:10 的位置处，如图 10-76 所示。

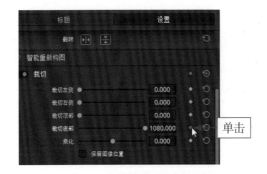

图 10-75 单击"裁切底部"关键帧按钮　　　图 10-76 拖动时间指示器至相应位置处

▶▶ 步骤 18 切换至"检查器"面板的"裁切"选项区中，设置"裁切底部"参数为 0.000，如图 10-77 所示，此时自动添加一个"裁切底部"关键帧。

▶▶ 步骤 19 在"合成"选项区中单击"不透明度"右侧的关键帧按钮◆，如图 10-78 所示。

图 10-77 设置"裁切底部"参数　　　图 10-78 单击"不透明度"右侧的关键帧按钮

▶▷步骤 20　在"时间线"面板中拖动时间指示器至 01:00:03:18 的位置处，如图 10-79 所示。

▶▷步骤 21　切换至"设置"面板中的"合成"选项区，设置"不透明度"参数为 0.00，此时自动添加一个"不透明度"关键帧，如图 10-80 所示。

图 10-79　拖动时间指示器至相应位置处

图 10-80　设置"不透明度"参数

▶▷步骤 22　为字幕文件添加运动效果，在预览窗口中可以查看字幕运动效果，如图 10-81 所示。

图 10-81　查看字幕运动效果

▶▷步骤 23　在"时间线"面板中选择制作的第一个字幕文件，右击，在弹出的快捷菜单中选择"复制"命令，如图 10-82 所示。

▶▷步骤 24　拖动时间指示器至 01:00:03:18 的位置处，在 V2 轨道右侧的空白位置处右击，在弹出的快捷菜单中选择"粘贴"命令，如图 10-83 所示。

▶▷步骤 25　在时间指示器位置处粘贴复制的字幕文件，双击粘贴的字幕文件，展开"检查器" | "文本"选项卡，在"多信息文本"下方的编辑框中，将文字内容修改为"容华若桃李"，如图 10-84 所示。

▶▷步骤 26　即可在预览窗口中查看制作的第二个字幕效果，如图 10-85 所示。

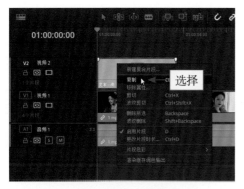

图 10-82　选择"复制"命令

图 10-83　选择"粘贴"命令

图 10-84　修改文字内容

图 10-85　查看制作的第二个字幕效果

▶▶步骤27　用相同的方法继续制作两个字幕文件,"时间线"面板如图 10-86 所示。

图 10-86　继续制作两个字幕文件

▶▶步骤28　制作完成后,在预览窗口中查看第三个和第四个字幕效果,如图 10-87 所示。

图 10-87　查看第三个和第四个字幕效果

10.3.3 为视频匹配背景音乐

标题字幕制作完成后，可以为视频添加一个完整的背景音乐，使影片更加具有感染力，下面介绍具体的操作方法。

▶▶ 步骤1 在"媒体池"面板中的空白位置处右击，在弹出的快捷菜单中选择"导入媒体"命令，如图10-88所示。

▶▶ 步骤2 弹出"导入媒体"对话框，在其中选择需要导入的音频素材，单击"打开"按钮，如图10-89所示。

图10-88 选择"导入媒体"命令

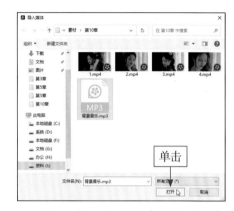

图10-89 单击"打开"按钮

▶▶ 步骤3 即可将选择的音频素材导入"媒体池"面板中，如图10-90所示。

▶▶ 步骤4 在"时间线"面板中选择A1轨道中的音频素材，如图10-91所示，由于音频与视频为链接状态，因此V1轨道上的视频也会一起被选中。

图10-90 导入音频素材

图10-91 选择A1轨道中的音频素材

▶▶ 步骤5 在选择的音频上右击，在弹出的快捷菜单中选择"链接片段"命令，即可断开音频与视频的链接，如图10-92所示。

▶▶ 步骤6 用相同的方法断开其他三段音频与视频的链接，"时间线"面板如图10-93所示。

▶▶ 步骤7 在A1轨道中，选中断开后的音频素材右击，在弹出的快捷菜单中选择

"删除所选"命令，如图10-94所示。

▶▶ 步骤8 即可删除A1轨道上的音频，在"媒体池"面板中选择导入的音频素材，按住鼠标左键将其拖动至A1轨道上，释放鼠标左键，即可为视频添加匹配的背景音乐，如图10-95所示。

图10-92　选择"链接片段"命令

图10-93　断开其他三段音频与视频的链接

图10-94　选择"删除所选"命令

图10-95　添加背景音乐

10.3.4　交付输出制作的视频

将视频文件剪辑完成后，即可将制作的成品项目文件交付输出为完整的视频，下面介绍具体的操作方法。

扫码看教学视频

▶▶ 步骤 1 切换至"交付"步骤面板,在"渲染设置"|"渲染设置 –Custom Export"选项面板中设置文件名称和保存位置,如图 10-96 所示。

▶▶ 步骤 2 在"导出视频"选项区中单击"格式"右侧的下拉按钮,在弹出的下拉列表框中选择 MP4 选项,如图 10-97 所示。

图 10-96 设置文件名称和保存位置   图 10-97   选择 MP4 选项

▶▶ 步骤 3 单击"添加到渲染队列"按钮,将视频文件添加到右上角的"渲染队列"面板中,单击面板下方的"渲染所有"按钮,如图 10-98 所示。

▶▶ 步骤 4 开始渲染视频文件,并显示视频渲染进度,待渲染完成后,在渲染列表上会显示完成用时,表示渲染成功,如图 10-99 所示。

图 10-98 单击"渲染所有"按钮   图 10-99   显示完成用时

第**11**章

《美食宣传》：
制作美食广告
视频

　　广告在人们的生活中十分常见，而产品和服务广告短片主要是向消费者介绍产品，吸引消费者的注意力，促使消费者购买广告短片中的产品或服务，提高其销量。本章主要介绍美食广告短片的制作方法。

新手重点索引

▶ 欣赏视频效果

▶ 视频制作过程

效果图片欣赏

11.1 欣赏视频效果

随着人们的经济条件越来越好，对于美食的追求也越来越高，美食的意义不仅仅是填饱肚子，更重要的是让人们发现新的生活方式。相对美食图片和文字描述来说，美食视频更能引起人们前去消费的欲望，因此美食广告短片是线下门店推广菜品、宣传品牌的重要手段。

美食广告短片可以展现饭店的招牌菜、食材、特色风味以及门店的服务宗旨等内容，制作的美食广告短片不仅可以放在线下门店播放，还可以放在电梯、商场展示屏等地方播放。除此以外，在抖音、饿了么、美团以及大众点评等大众所熟知的 App 上也可以进行投放，加强宣传力度，吸引更多的客源。

11.1.1 效果赏析

本实例制作美食广告视频——《美食宣传》，下面预览视频，进行后期处理，最终效果如图 11-1 所示。

扫码看案例效果

图 11-1 《宣传美食》效果展示

11.1.2 技术提炼

首先新建一个项目文件，进入 DaVinci Resolve 18"剪辑"步骤面板，在"媒体池"面板中依次导入美食视频素材并将其添加至"时间线"面板中，然后为美食图片添加转场、字幕以及背景音乐后将成品交付输出。

11.2 视频制作过程

本节主要介绍《美食宣传》视频文件的制作过程，如导入多段视频素材、为美食视频添加转场、为美食添加字幕以及背景音乐等内容，希望读者熟练掌美食视频的各种制作方法。

11.2.1 导入多段视频素材

在制作美食视频之前，首先需要导入多段美食图片素材。下面介绍通过"媒体池"面板导入视频素材的操作方法。

扫码看教学视频

▶▶ 步骤1 进入达芬奇"剪辑"步骤面板，在"媒体池"面板中右击，在弹出的快捷菜单中选择"导入媒体"命令，如图 11-2 所示。

▶▶ 步骤2 弹出"导入媒体"对话框，在文件夹中显示了多段美食图片，选择全部素材文件，单击"打开"按钮，如图 11-3 所示。

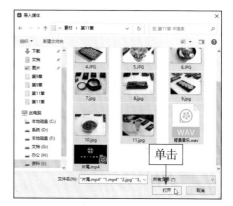

图 11-2　选择"导入媒体"命令　　　　图 11-3　单击"打开"按钮

▶▶ 步骤3　即可将选择的视频素材导入"媒体池"面板中，如图 11-4 所示。

▶▶ 步骤4　选择"媒体池"面板中的视频素材，按住鼠标左键将其拖动至"时间线"面板中的视频轨中，即可在预览窗口中预览添加的视频素材，如图 11-5 所示。

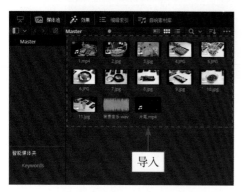

图 11-4　导入视频素材　　　　　图 11-5　拖动视频至"时间线"面板

11.2.2　为美食视频添加转场

为美食视频添加转场效果，可以使视频与视频之间的过渡更加自然、顺畅，下面介绍具体的操作方法。

扫码看教学视频

▶▶ 步骤1　切换至"剪辑"步骤面板，在"时间线"面板上方的工具栏中，单击"刀片编辑模式"按钮▦，如图 11-6 所示。

▶▶ 步骤2　在视频轨中应用刀片工具，在视频素材上的 01:00:03:02 位置处单击，即可将第一段视频素材分割成两段，如图 11-7 所示。

▶▶ 步骤3　用相同的方法在素材的相应位置处将视频轨中的素材分割为多段，如图 11-8 所示。

▶▶ 步骤4　将分割出来的小段视频删除，效果如图 11-9 所示。

▶▶ 步骤5　在"剪辑"步骤面板的左上角单击"效果"按钮，如图 11-10 所示。

▶▶ 步骤6　展开"效果"面板，单击"工具箱"下拉按钮▶，如图 11-11 所示。

图 11-6 单击"刀片编辑模式"按钮

图 11-7 将第一段视频素材分割成两段

图 11-8 将视频轨中的素材分割为多段

图 11-9 将分割出来的小段视频删除效果

图 11-10 单击"效果"按钮

图 11-11 单击"工具箱"下拉按钮

▶▶ 步骤 7 展开"工具箱"选项列表，选择"视频转场"选项，展开"视频转场"

选项面板，在"光圈"转场组中选择"椭圆展开"转场效果，如图 11-12 所示。

▶▶ 步骤8 按住鼠标左键，将选择的转场效果拖动至"时间线"面板的两个视频素材中间，如图 11-13 所示。

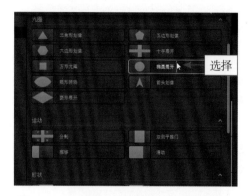

图 11-12　选择"椭圆展开"转场效果

图 11-13　拖动转场效果

▶▶ 步骤9 释放鼠标左键，即可添加转场效果，在预览窗口中查看添加的转场效果，如图 11-14 所示。

▶▶ 步骤10 用相同的方法继续在视频轨上的素材之间添加相应转场效果，"时间线"面板效果如图 11-15 所示。

图 11-14　查看转场效果

图 11-15　查看添加的转场效果

▶▶ 步骤11 按空格键播放视频，即可在预览窗口中查看再次添加的转场效果，如图 11-16 所示。

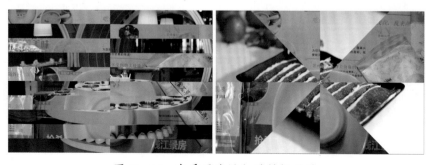

图 11-16　查看再次添加的转场效果

图 11-16　查看再次添加的转场效果（续）

11.2.3　为美食视频添加字幕

扫码看教学视频

为美食视频添加转场后，还需要为美食视频添加标题字幕文件，增强
视频的艺术效果，下面介绍具体的操作方法。

▶▶步骤1　在"剪辑"步骤面板中将时间指示器移动至 01:00:03:00 位置处，如
图 11-17 所示。

▶▶步骤2　在"工具箱"选项列表中选择"标题"选项，展开"标题"面板，在"字
幕"选项面板中选择"文本"选项，如图 11-18 所示。

图 11-17　移动至相应位置

图 11-18　选择"文本"选项

 步骤3 按住鼠标左键将"文本"字幕样式拖动至 V1 轨道上方,"时间线"面板会自动添加一条 V2 轨道,释放鼠标左键,即可在 V2 轨道上添加一个标题字幕文件,选中 V2 轨道中的字幕文件,将鼠标移至字幕文件的末端,按住鼠标左键并向左拖动至合适位置后释放鼠标左键,即可调整字幕区间时长,如图 11-19 所示。

▶▶ 步骤4 双击添加的"文本"字幕,展开"检查器"|"标题"选项卡,在"多信息文本"下方的编辑框中输入文字"环境优雅",设置"字体系列"为"隶书"、"颜色"为黄色、"大小"参数为 126,如图 11-20 所示。

图 11-19 调整字幕区间时长

图 11-20 设置"大小"参数

▶▶ 步骤5 在下方面板中设置"位置"X 参数为 470.000、Y 参数为 943.000,调整字幕的位置,如图 11-21 所示。

▶▶ 步骤6 在"笔画"选项区中设置"大小"为 3,在"投影"选项区中设置"偏移"X 参数为 16.000、Y 参数为 3.000,为字幕添加投影,如图 11-22 所示。

图 11-21 设置"位置"参数

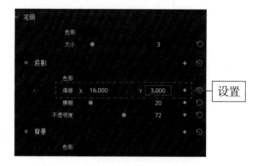

图 11-22 设置"偏移"参数

▶▶ 步骤7 在"检查器"面板中切换至"设置"选项面板,如图 11-23 所示。

▶▶ 步骤8 确认时间指示器位置后,在"检查器"|"设置"选项面板中设置"不透明度"参数为 0.00,单击"不透明度"关键帧按钮 █,添加第一个字幕关键帧,如图 11-24 所示。

▶▶ 步骤9 拖动时间指示器至 01:00:04:17 位置处,设置"不透明度"参数为 100.00,即可自动添加关键帧 ◆,如图 11-25 所示。

▶▶ 步骤10 拖动时间指示器至 01:00:05:05 位置处,设置"不透明度"参数为 0.00，即可自动添加关键帧■，如图 11-26 所示。

▶▷步骤 11 用相同的方法添加其余的字幕文本效果，如图 11-27 所示。

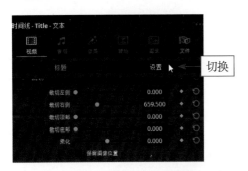

图 11-23 切换至"设置"选项面板

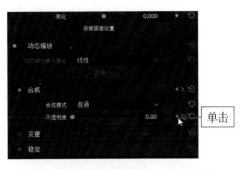

图 11-24 单击"不透明度"关键帧按钮

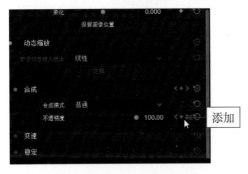

图 11-25 自动添加关键帧（1）

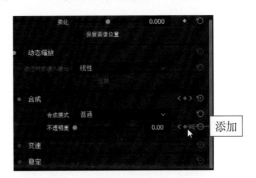

图 11-26 自动添加关键帧（2）

图 11-27 添加字幕文本效果

▶▷步骤 12 在预览窗口中查看添加的字幕文本效果，如图 11-28 所示。

▶▷步骤 13 在"媒体池"面板中选择片尾视频素材，如图 11-29 所示。

图 11-28 添加的字幕文本效果

图 11-28　添加的字幕文本效果（续）

▶▶步骤 14　按住鼠标左键将其拖动至 V1 轨道上的末尾位置，释放鼠标左键，即可添加片尾视频，如图 11-30 所示。

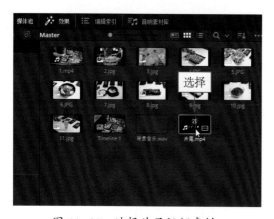

图 11-29　选择片尾视频素材

图 11-30　拖动片尾至视频末尾位置处

11.2.4　为视频匹配背景音乐

标题字幕制作完成后，可以为视频匹配一个完整的背景音乐，使影片更加具有感染力，下面介绍具体的操作方法。

▶▶步骤 1　在"媒体池"面板中选择背景音乐，如图 11-31 所示。

扫码看教学视频

▶▷ 步骤2 按住鼠标左键将其拖动至 A1 轨道上，释放鼠标左键，即可为视频添加背景音乐，如图 11-32 所示。

图 11-31 选择背景音乐

图 11-32 添加背景音乐

11.2.5 交付输出制作的视频

将视频文件剪辑完成后，即可将制作的成品项目文件交付输出为完整的视频，下面介绍具体的操作方法。

▶▷ 步骤1 切换至"交付"步骤面板，在"渲染设置"|"渲染 扫码看教学视频 设置 –Custom Export"选项面板中，设置文件名称和保存位置，如图 11-33 所示。

▶▷ 步骤2 在"导出视频"选项区中单击"格式"右侧的下拉按钮，在弹出的下拉列表框中选择 MP4 选项，如图 11-34 所示。

图 11-33 设置文件名称和保存位置

图 11-34 选择 MP4 选项

▶▷ 步骤3 单击"添加到渲染队列"按钮，如图 11-35 所示。

▶▷ 步骤4 将视频文件添加到右上角的"渲染队列"面板中，单击面板下方的"渲染所有"按钮，如图 11-36 所示。

> 专家指点：设置视频输出位置时，在"位置"右侧的文本框中直接输入视频的保存路径，也可以单击"浏览"按钮，弹出"浏览"对话框，在其中确定视频输出后的保存位置。

单击

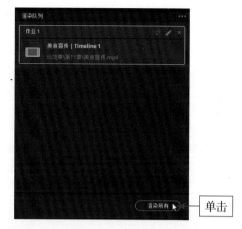

单击

图 11-35 单击"添加到渲染队列"按钮　　　　图 11-36 单击"渲染所有"按钮

▶▶ 步骤5 开始渲染视频文件并显示视频渲染进度，如图 11-37 所示。待渲染完成后，在渲染列表上会显示完成用时，表示渲染成功。

显示

图 11-37 显示视频渲染进度